2 1

LES INSECTES NUISIBLES

PAR M. C.-F. WILLERMOZ

Membre de la Société d'Horticulture pratique du Rhône

R.F.

En tête des diverses espèces de Chenilles qui attaquent les arbres et se nourrissent de leurs feuilles, de leurs bois, de leurs fleurs et de leurs fruits, je place celle qu'on appelle vulgairement : Chenille à bourse, celle que Réaumur désigne sous le nom de *commune* (1), sans doute parce qu'elle est la plus répandue et la plus connue. En effet, on la rencontre sur presque toutes les espèces d'arbres et sur plusieurs sortes de plantes ; toutefois, les chênes et les arbres fruitiers, particulièrement le prunier, sont pour elle des arbres de prédilection.

Le papillon dont elle provient est un papillon de nuit, plutôt petit que moyen, d'un beau blanc d'argent ; le corps du mâle est plus mince et plus effilé que celui de la femelle, son extrémité est brune. Celui de la femelle est gros, recouvert de poils bruns et soyeux, très-abondants autour de l'anus où ils forment une espèce de boule. La femelle est lourde, indolente et paresseuse, elle ne fait pas usage de ses ailes et fort peu de ses pattes. Le mâle seul a les antennes pectinées, il ne vole et ne s'accouple qu'à la tombée de la nuit. L'accouplement a lieu du milieu de juin au milieu de juillet. Les époques varient selon les variations de la saison ; nous avons trouvé des œufs au com-

(1) Liparis auriflua et Chrysorrhœa des auteurs, deux espèces très-voisines.

©

mencement de juin ; d'autres fois, nous en avons trouvé les premiers jours d'août.

Ces pondeuses déposent ordinairement leurs œufs près de l'endroit où la chenille a filé son cocon. On trouve ces œufs sur les branches, sur le tronc et plus particulièrement sur ou sous les feuilles des arbres. Ces œufs, au nombre de deux à quatre cents, sont arrondis, noirs, déposés en paquets oblongs, à côté les uns des autres, mais sans se toucher Chaque œuf est recouvert d'une couche de poils bruns et soyeux, de manière que la ponte ressemble, pour ainsi dire, à un morceau de feutre roux ou à un morceau d'amadou.

Cette ponte semble avoir coûté beaucoup de peines et beaucoup de soins à la femelle, car elle ne survit que quelques heures. La présence de son corps inerte et dépouillé de son duvet, annonce à l'œil investigateur que le germe d'une famille nouvelle n'est pas loin, et que c'est là, ou près de là, qu'il faut la chercher.

Les œufs éclosent ordinairement trois semaines ou un mois après la ponte. Les jeunes larves, recouvertes d'un duvet très-épais, sont jaunâtres. Leur tête est noire avec une raie de même couleur sur le col. Lorsqu'elles ont, pour ainsi dire, secoué le duvet qui recouvre les œufs, elles se rendent les unes après les autres, sur une feuille tendre, là elles se rangent en ligne droite, d'un bord à l'autre de la feuille ; lorsque ce premier bataillon, parfaitement aligné, est complet, il s'en forme un second à la suite, puis un troisième ; bientôt toute la feuille est à jour, elle ne conserve que ses fibres, que l'insecte n'attaque pas, vu sans doute la faiblesse de ses mandibules. Bientôt aussi une seconde et une troisième feuille sont attaquées avec encore plus d'ordre et plus de régularité.

Après avoir suffisamment filé de la soie, les jeunes chenilles commencent par en faire usage. Elles attachent alors des fils à l'extrémité de la pointe de la feuille, et parviennent à la plier du côté qui a été rongé ; ces fils ne tardent pas à former une toile qui recouvre la feuille, moins une ouverture que l'insecte a su se ménager. Insensiblement le voile protecteur s'épaissit, car chaque larve prend part à la construction, et cette maison, fondée à deux heures, couverte à quatre, abrite provisoirement toute la famille; provisoirement en effet, car bientôt, cette maison sera trop petite pour contenir les chenilles grossies; elles en construisent donc une autre plus vaste, composée de plusieurs feuilles, qui la divisent en plusieurs compartiments. C'est dans ces petites chambres qu'elles passent la nuit, où elles se réfugient pendant les fortes chaleurs, les pluies d'orage et les vents froids. C'est sous ce même toit qu'elles s'abriteront pendant l'hiver où elles braveront impunément tous les ennemis et les froids les plus rigoureux.

Dans le courant du mois d'août, elles font leur première mue, et, lorsqu'arrive le milieu de septembre, elles cessent de manger. En novembre, elles entrent dans un engourdissement qui dure jusqu'à la fin de mars; à cette époque, une chaleur de quelques degrés leur rend leur activité, elles sortent alors de leur retraite pour se mettre en quête d'un dîner; elles sont d'autant mieux disposées à le faire copieux, qu'elles y sont préparées par un jeûne de cinq ou six mois. Aussi, les pousses naissantes et les jeunes feuilles sont elles bientôt entièrement dévorées, sauf les nervures médianes, dont elles respectent la plus grosse partie seulement.

Vers la fin d'avril, elles changent de peau pour la seconde fois, et, pour la troisième, à la fin de mai. Elles sont alors d'un brun rougeâtre et portent sur les côtés des taches blanches étoilées qui apparaissent sur toute la longueur du corps, toujours couvert de poils dressés, bruns, roux et blancs. Ce sont ces poils qui, s'échappant des deuxième et troisième peaux causent des accidents si graves qu'ils peuvent occasionner la mort (1).

(1) Le plus souvent ces poils comme des épines, s'implantant dans la peau y causent une démangeaison extrême. Pour s'en débarrasser, il convient d'employer de l'huile.

Aussitôt après la troisième mue, l'insecte quitte la vie de famille et se disperse de tous les côtés pour vivre solitaire. Vers le milieu ou à la fin de juin, selon l'état de la saison, il se dispose à se transformer en nymphe d'un brun noirâtre, saupoudré d'une poussière jaune, assez semblable au pollen du lis blanc. On trouve cette nymphe enveloppée d'une toile gris brun, rarement seule, le plus souvent elles sont réunies, parfois jusqu'à douze, dans des feuilles roulées dont les issues sont fermées par une cloison soyeuse, peu épaisse.

Vous connaissez les ravages prodigieux que fait cette chenille. Que doit-on faire pour les prévenir ou les atténuer ? C'est ce que je me propose de vous dire :

1° Rechercher les nymphes qui se trouvent particulièrement sur les branches les plus basses de l'arbre ;

2° Faire perquisition des œufs qui sont faciles à reconnaître par les poils qui les recouvrent, et par la présence de la femelle morte près de l'endroit où ils sont pondus ;

3° Attaquer la jeune chenille, dont on aperçoit facilement les premiers dégâts en automne;

4° Couper les nids après la chute des feuilles et, pendant l'hiver, les brûler, seul moyen sûr de détruire l'insecte ;

5° Asphyxier, au printemps, la chenille qu'on reconnait à sa couleur, à son duvet, à ses taches, à sa longueur qui est d'environ trois centimètres, à ses seize pattes, et enfin à l'habitude qu'elle a de vivre en famille jusqu'à sa troisième mue, de marcher sur un chemin garni de fils de soie et de se promener processionnellement.

L'échenilloir doit faire tomber jusqu'à la petite feuille desséchée qui reste attachée à l'arbre pendant l'hiver, attendu que cette feuille, suspendue à un fil et que le vent agite en tous sens, abrite elle aussi une famille d'une autre espèce, mais qui a beaucoup d'analogie avec la chenille commune, et dont les œufs éclosent à la même époque.

Les substances asphyxiantes qui réussissent, sont :

1° L'eau dans laquelle on a fait dissoudre du savon ; le noir en pain est préférable au gris et au blanc ;

2° Trente grammes d'essence de térébenthine bien mélangée à une forte poignée de terre grasse et à trois ou quatre litres d'eau. Il est important que le mélange soit parfaitement bien fait, différemment il noircit les feuilles ;

3° L'huile de houille, qu'on trouve au gazomètre. Cette matière, à la dose de 25 fois son poids d'eau, est excessivement énergique, elle asphyxie instantanément l'insecte, sans aucun danger pour les feuilles et les plantes herbacées ;

4° Enfin le lait de chlorure de chaux a la propreté de détruire et de chasser les chenilles et tous les autres insectes qui se trouvent sur un arbre.

Un fort pinceau ou un mauvais torchon, placé au bout d'une perche, sert à porter ou l'une ou l'autre de ces substances sur les chenilles, dont on a bientôt débarrassé l'arbre, surtout si on les attaque de bon matin, avant qu'elles se mettent en mouvement pour chercher leur nourriture, ou le soir, lorsqu'elles se réunissent après leur dernier repas.

Il faut bien prendre garde de monter sur les arbres pour faire la chasse, après la deuxième ou la troisième mue, et faire en sorte de ne jamais se mettre sous le vent lorsqn'on attaque la chenille avec les matières liquides dont il est parlé plus haut, afin d'éviter les accidents qu'engendre le duvet de cette redoutable chenille.

Si la chenille commune est une des plus dangereuses, sous tous les rapports, celle à *Bague*, connue sous le nom de *Livrée* (1), ne lui cède en rien. Bien que les arbres fruitiers soient ceux qui aient le plus à souffrir de sa voracité, elle attaque indistinctement presque tous les autres, qu'ils soient à feuilles persistantes ou à feuilles caduques.

Comme le précédent, l'insecte parfait est un papillon de nuit, qui se cache pendant le jour sous les feuilles ou dans les

---

(1) Bombyx neustria.

herbes ; le mâle est un peu plus petit que la femelle; tous deux sont moyens, un peu plus gros que le précédent. Le mâle est tantôt de couleur nankin ocré, de couleur rouille, brun, roux ou café au lait, ses antennes, en forme de corne, sont sans barbe (2). Ses ailes supérieures frangées sont obliquement partagées par des lignes ondulées, bordées de jaune obscur. Son dos, assez large, ovale, est soyeux comme l'abdomen qui est court, obtus. Celui de la femelle est velu, gros, ovale, conique. Ses ailes, plus grandes que celles du mâle, sont entières, couleur feuille morte, avec des lignes obliques très-apparentes et plus foncées que le fond.

L'accouplement a lieu de juin à juillet ; cette année, on a trouvé des bagues, les premiers jours de juin, ce qui prouve que cet accouplement est réglé par l'état plus ou moins avancé des saisons.

Il n'est aucun jardinier qui, en taillant ses arbres fruitiers, n'ait trouvé sur les pousses de l'année ou sur de faibles rameaux des espèces de tubes, ou forme de manchons, composés de petites perles rangées en spirale à côté les unes des autres, et soudées ensemble par une matière gélatineuse et comme vernissée. Ces petites perles rondes, avec une cavité, sont les œufs pondus, solidement et artistement rangés par la femelle du papillon Livrée.

Vers le milieu d'avril ordinairement, ces œufs, au nombre de 2 ou 3 cents par anneau ou bague, éclosent et donnent naissance à autant de petites chenilles noires, velues, très-agiles, dont le premier soin est de recouvrir leur nid d'une très-légère toile grise, artistement tissée. Elles l'agrandissent successivement jusqu'à ce qu'elles aient changé trois fois de peau. C'est sous cette toile, qu'elles prolongent quelquefois fort loin, qu'elles passent la nuit et s'abritent contre toute espèce de dangers. Si une brusque secousse ou un fort coup de vent vient leur faire perdre l'équilibre, elles se laissent couler à terre au moyen d'un

(2) Les antennes du mâle sont pectinées.

fil, regagnent ensuite le tronc de l'arbre et retournent occuper la place d'où elles ont été débusquées.

Elles demeurent en communauté jusqu'à la fin de mai ou le milieu de juin, époque de leur troisième mue et à laquelle elles ont acquis à peu près toute leur croissance. Après, elles se séparent et se dispersent, mais les ravages qu'elles font alors, quoique moins apparents, sont cependant encore assez considérables.

Cette chenille a, dans son développement, de quatre et demi à six centimètres de longueur. Elle a seize pattes et porte de longs poils bruns. Son corps est marqué de lignes longitudinales de diverses couleurs ; sur un fond gris bleuâtre se dessinent de chaque côté des lignes d'un rouge aurore et une ligne d'un bleu cendré sur le dos. Toutes ces lignes sont séparées par un petit filet noir, couvert de poils. Comme la tête de l'insecte est d'un bleu ardoisé brillant, les cultivateurs lui donnent le nom de chenille à tête bleue.

Après une vie de bombance qui a duré à peu près six semaines, cette chenille contourne une feuille entièrement ou à demie seulement, y file une coque de soie très-mince, tantôt blanche, tantôt d'un blanc jaunâtre, s'y transforme en nymphe brune noirâtre et, quelques jours après, en un papillon de nuit.

Le papillon est assez difficile à découvrir ; pendant le jour il se tient caché et parfaitement calme ; la femelle ne pond qu'après le coucher ou avant le lever du soleil, il est rare de la trouver occupée à cette fonction pendant le jour. Ce n'est donc qu'accidentellement qu'on peut détruire l'insecte parfait. On doit par conséquent porter toute son attention sur les cocons, sur les œufs et sur les larves.

Par sa couleur et sa manière d'être, le cocon se laisse assez bien apercevoir ; il est d'ailleurs toujours enveloppé dans des feuilles peu élevées, qu'on peut saisir à la main, ou au besoin avec l'échenilloir.

Les bagues se trouvent sur les pousses de l'année dont elles ont souvent la couleur, sur les rameaux faibles plus âgés, sur les pétioles des feuilles et sur les pédoncules des fruits. On les découvre assez facilement sur les arbres soumis à une taille rationnelle, en visitant les branches du haut en bas. Après la chute des feuilles, on peut détruire plus facilement encore les bagues qui sont plus visibles. On coupe alors le rameau, si la bague se trouve placée à son sommet ou s'il est inutile; si, au contraire, elle se trouve d'enserrer la base d'un rameau utile, on la coupe transversalement et on la détache avec les ongles.

Ces œufs qui résistent aux plus grands froids, doivent être brûlés ou écrasés entre deux corps durs et solides; on se tromperait si on croyait les détruire en leur mettant simplement le pied dessus

La chenille doit être attaquée et traitée de la même manière que la chenille commune. Les mélanges indiqués plus haut l'ont bientôt détruite; toutefois, on fera bien de se mettre en chasse une deuxième et une troisième fois, car il arrive souvent qu'une famille échappe à la première chasse. Cependant en examinant les branches de l'arbre avec un peu d'attention, on découvre bientôt toutes lesretraites, même les plus récentes et les plus cachées; tous les chemins qui y conduisent sont couverts de fils de soie très-brillants et assez compactes. C'est plutôt pour sa sûreté que par délicatesse que l'insecte prépare un un tel macadam; en effet, il trouve dans les mailles, non-seulement un point d'appui, mais encore un moyen facile de locomotion.

De la Teigne hermine

La chenille qui exerce de si grands ravages sur les pommiers, est celle qu'on désigne sous le nom de *Teigne*, et que M. Delacour, appelle avec raison *Teigne hermine* à cause du caractère distinctif des deux ailes supérieures du papillon qui sont d'un blanc terne et parsemées de petites mouchetures noires. Les deux ailes inférieures de ce petit papillon de nuit sont d'un brun grisâtre ou d'un gris plombé. Le mâle, un peu plus étroit et plus mince que la femelle, est aussi plus agile, C'est à la tombée de la nuit qu'on voit ces petits insectes voler autour des pommiers ; pendant le jour on les trouve appliqués contre les rameaux.

L'accouplement a lieu fin juin et courant de juillet. La femelle pond ses œufs et les range par petits tas composés de 10 à 30. Ces œufs très-petits, ronds, d'un gris brun opaque, sont recouverts d'une substance gommeuse, transparente, très-solide ; ils sont rangés comme l'artilleur range les boulets de canon. On les trouve ordinairement près des boutons à bois et à fleurs. A quelle époque éclosent-ils ? quelle est la couleur et la grosseur de la larve pendant son premier âge ? comment se nourrit-elle pendant son enfance ? c'est ce que j'ignore ; car je n'ai pu l'observer que lorsque le dégât qu'elle commet est assez visible et qu'elle a presque atteint sa grosseur ; toutefois, si à ce moment, les chenilles sont toutes à peu près de la même grosseur, elles ne sont pas toutes de la même couleur ; on en trouve, en effet, de brunes ou d'un vert brun, d'autres, d'un jaune verdâtre ou d'un gris plombé, Cette particularité se remarque d'ailleurs sur les ailes inférieures de l'insecte parfait. Les chenilles ont la tête noire. Le corps mince, long de 22 à 25 millimètres, est ponctué longitudinalement de chaque côté de petites taches noires, surmontées d'un petit poil court et dressé. Elles ont 16 pattes, sont très-agiles ; lorsqu'on les dérange, elles avancent, reculent, se roulent et forment dans leurs mouvements des demi-anneaux qu'elles ouvrent et ferment avec une promptitude remarquable. Si le dérangement continue, elles se suspendent à un fil de soie et descendent jusqu'à ce qu'elles aient trouvé un point d'appui.

Cette espèce vit toujours en société ; toutes sont rangées à côté l'une de l'autre sous les feuilles qu'elles tiennent réunies par deux ou par trois, au moyen de fils et d'une toile légère ; lorsqu'elles ont mangé tout le parenchyme de ces feuilles, elles les abandonnent pour passer à celles qui sont le plus rapprochées, qu'elles traitent de la même manière; elles continuent ainsi successivement leur ravage de feuille en feuille jusqu'au moment de leur métamorphose, Si les chenilles sont abondantes, pas une feuille n'échappe à leur voracité, et, comme elles ne peuvent plus, selon leur habitude, se métamorphoser sous le dernier toit qu'elles ont détruit pour satisfaire leur appétit, elles se réunissent à l'aiselle de quelque grosse branche, ou elles se laissent couler à terre au moyen de fils et vont s'agglomérer au pied de l'arbre; là, comme à l'aisselle des branches, elles se transforment en petites nymphes cylindriques, brunes, recouvertes d'une fine toile d'un blanc grisâtre, parfaitement alignées et superposées les unes sur les autres, comme le sont des bouteilles sur une étagère. Si, au contraire, les pontes sont peu abondantes, la transformation a lieu isolément, famille par famille et par petits paquets cachés sous une feuille verte tapissée intérieurement d'une couche soyeuse.

Pourquoi cette espèce est-elle moins abondante cette année qu'elle l'était l'année dernière ? Sans doute, 1° parceque n'ayant pas trouvé une nourriture suffisante et n'étant pas assez bien constituées, elles ont dû en partie périr dans leurs coques ou avant leur entière transformation. 2° Sans doute, aussi, comme après le dépouillement des pommiers les paquets de nymphes étaient gros et nombreux, on a pu en détruire des quantités considérables. 3° Enfin, de même que les autres chenilles ont leurs ennemis, de même, cette espèce doit avoir également les siens, peut-être alors, ces ennemis ont-ils détruit œufs, larves, nymphes et insectes parfaits. Toutes ces circonstances réunies, ou l'une d'elles seulement sont-elles la cause de la rareté ou du peu d'abondance de l'insecte, cette année, c'est ce que nous ne pouvons affirmer.

Il est difficile de détruire les œufs de cette chenille, surtout sur les arbres à haute tige, et il faut regarder de près et très-attentivement pour trouver ceux qui sont pondus sur les arbres nains; toutefois, comme ceux-ci sont soumis à la taille et qu'on sait que les pontes se trouvent le plus communément placées près des boutons à bois et à fleurs, qu'on sait aussi comment elles sont rangées, on fera bien de les rechercher au moment de la taille, ou, pendant l'hiver, de les brûler ou de les écraser.

La destruction de l'insecte est plus facile au moment où le dégât est apparent, mais alors il est inutile de songer à l'emploi des dissolutions de savon, des mélanges d'essence de térébenthine et d'huile de houille; car l'insecte protégé par des fils est logé sous la feuille, où les dissolutions ne peuvent pénétrer et l'atteindre. On a bien parlé de tiges creuses du chanvre qu'on remplit de poudre ou de soufre réduit en poudre et auxquelles on met le feu, après les avoir fixées à une perche. Mais il nous semble que ces petits feux d'artifice, assez coûteux d'ailleurs, doivent être très-longs à préparer et assez difficiles à employer. Nous préférons pour les arbres nains nous servir du pinceur, avec cet instrument, nous coupons les pétioles des feuilles sans agiter celles-ci et nous enlevons le paquet de chenilles sans les déranger. Quant aux arbres élevés, une chasse fructueuse est beaucoup plus difficile vu la hauteur de l'arbre et la direction des branches. Toutefois, avec un échenilloir-ciseau et avec un paquet de feuilles de houx placé au bout d'une perche, on parvient encore à débarrasser l'arbre de la plus grande partie des insectes à l'état de larve, et de tous, lorsqu'ils sont à l'état de nymphe. Il est à propos avant d'opérer d'enlever les longues herbes qui recouvrent le sol, attendu qu'il serait impossible, sans cette précaution, d'écraser les chenilles qui tombent de l'arbre et qui seraient cachées par l'herbe. Lorsqu'on procède à cet échenillage, on fera bien, après avoir attaqué le dernier paquet de feuilles endommagées, c'est-à-dire celles qui abritent l'insecte et qui lui servent de nourriture, de passer le bâton de houx sur toutes les autres, car elles peuvent encore servir de retraite à une infinité d'autres petits ennemis, soit éclos, soit à éclore, et de tout livrer aux flammes. On usera des mêmes moyens pour attaquer et détruire les teignes du Cerasus Padus et du Fusain. Ces deux chenilles ont les mêmes mœurs et les mêmes habitudes que la Teigne hermine et vivent en même temps.

Arpenteuse verte.

Cette chenille n'est pas organisée comme les précédentes elle a trois paires de pattes sous la poitrine et deux paires seulement à l'extrémité du corps. Lorsqu'elle veut se mouvoir, elle soulève d'abord la partie postérieure de son corps qu'elle rapproche de sa poitrine, en formant une espèce d'anneau incomplet; alors les six pattes de l'avant se détachent et la partie supérieure se détend comme un ressort pour se poser sur un rameau ou sur toute partie de l'arbre. Comme à chaque mouvement cette chenille avance de la moitié et plus de la longueur de son corps, on comprend qu'elle marche aussi vite avec ses dix pattes que celles qui en ont seize.

Le papillon est nocturne: Le mâle est petit. Son corps est grêle, d'un gris jaunâtre; ses ailes, d'un gris cendré, sont traversées dans toute leur largeur par des lignes de même couleur, mais plus vives et plus foncées.

Celui de la femelle, beaucoup plus gros, d'un gris cendré, et, pour ainsi dire dépourvu d'ailes; du moins celles-ci sont très-courtes, elles sont de la couleur du corps. Comme celles du mâle elles sont traversées latéralement par une ligne plus foncée. Si les ailes de la femelle lui sont inutiles pour se transporter rapidement d'un point à un autre, elle est munie en compensation de longues pattes qui lui permettent de monter sur les arbres avec beaucoup de facilité.

L'accouplement a lieu sur les arbres de la fin d'octobre à la fin novembre. Aussitôt fécondée, la femelle gagne les parties les plus élevées de l'arbre et dépose isolément sur les boutons à bois et à fleurs, sur les rameaux et même sur quelques feuilles près de deux cents très-petits œufs verts, qu'elle recouvre d'une gomme qui les garantit de l'humidité et des froids les plus rigoureux. Ces œufs éclosent au printemps au moment de l'évolution des boutons, il en sort une très-petite chenille lisse, bronzée, à tête noire, qui attaque les extrémités du calice et de la corolle des fleurs qui à cette époque sont si tendres et si délicates. Elle ne leur cause d'abord qu'un faible dommage, mais bientôt elle s'enfonce dans le bouton et s'y installe à l'abri du froid. Que ce bouton soit à bois ou à fleurs, elle a la précaution d'en réunir les extrémités au moyen d'un fil, dans la crainte qu'en s'épanouissant les écailles ne tombent et la laissent à découvert.

Ces fils sont l'indice de la présence d'un insecte, En ouvrant les boutons sur lesquels ont les aperçoit, on trouve toujours une chenille. Toutefois, celle-ci peut être d'une autre espèce que celle dont nous parlons ; en effet, on trouve très-souvent dans les boutons, tantôt une petite chenille rougeâtre, tantôt aussi une autre de même grosseur, mais d'un vert sombre, noirâtre, avec des taches noires. Toutes ces espèces ne peuvent être confondues avec notre petite arpenteuse qui est passée au vert tendre. Bien que leurs ravages soient moins graves que ceux qu'elle commet, l'horticulteur ne doit pas les ménager, car en les détruisant, il assure la récolte des fruits.

Lorsque les pétales commencent à se développer, la chenille s'installe dans la corolle, elle ronge le réceptacle et les organes de la fécondation. Si un fruit vient à nouer, elle le recherche avec avidité et le dévore entièrement à l'exception du pédoncule et des parties cartilagineuses, que probablement elles trouve trop dures. Après avoir anéanti tous les fruits, elle se jette sur les feuilles, dont elle choisit d'abord les plus tendres; mais comme son appétit augmente avec son développement, bientôt elles les attaque toutes indistinctement.

Pendant leur existence, ces chenilles réunissent avec des fils les pétioles et les débris des feuilles qu'elles ont rongées, elles s'en construisent de petites demeures sous forme de loges tubulaires, qui les protégent du froid, de la pluie et de l'atteinte de leurs ennemis, dont le plus dangereux est la mésange à tête noire. Il est curieux de voir comme ce petit oiseau sait les trouver, malgré tous les soins qu'elles prennent à se bien cacher. Elles sortent de leur retraite pour dévorer le reste des feuilles, et elles s'en acquittent si bien, qu'en peu de temps un arbre en est complètement dépouillé, particulièrement lorsque les chenilles sont nombreuses. Si l'arbre ainsi privé de feuilles est un arbre déjà vieux, il est presque probable qu'il périra; s'il est encore jeune et vigoureux, il repoussera pour s'aoûter peut-être à l'automne, si l'automne est favorable ; mais il ne faut pas s'attendre à une récolte l'année suivante.

Lorsque l'arbre est dépouillé, la chenille se hâte de l'abandonner pour en chercher un autre. Alors elle se pend à un fil et descend jusqu'à terre ; si un arbre ne se trouve pas à sa portée, elle meurt de faim, à moins qu'elle ne soit arrivée à l'époque où elle doit se transformer en nymphe, alors elle s'enfonce en terre à quelques centimètres de profondeur.

C'est ordinairement dans la deuxième quinzaine de mai que cette chenille a à peu près acquis tout son développement qui est peu considérable : deux ou trois millimètres de diamètre et deux centimètres de long. Tel est ce petit insecte qui dans l'espace de peu de jours fait tant de mal; après quoi il se réfugie en terre ou se blottit sous une pierre pour se transformer, dans les premiers jours de juin, en une petite nymphe d'un brun clair, de laquelle sortira pendant le mois d'octobre et le commencement de novembre. le papillon dont nous avons parlé plus haut.

Il est presque impossible de détruire ses œufs parce qu'ils sont trop petits et trop dispersés sur toutes les parties de l'arbre. Il ne sera guère plus facile d'atteindre la jeune larve qui, dans sa première jeunesse, est grosse comme un fil, et qui est toujours cachée sous les écailles des boutons ou dans les fleurs. La nymphe échappe aussi à la vigilance du jardinier qui ne connaissant ni les mœurs ni les habitudes de l'insecte, ne s'imagine pas qu'il se soit réfugié en terre, ou sous une pierre ou une motte, pour s'y transformer d'abord en une nymphe, puis ensuite en un papillon au mois de novembre, mois dans lequel les papillons sont rares.

La chasse à ce papillon présente aussi bien des difficultés, il est nocturne, par conséquent calme, tranquille et caché pendant le jour, il est vrai que la femelle plus lourde que le mâle est privée d'ailes, mais il est vrai aussi qu'elle a de bonnes et longues pattes qui suppléent à l'absence de ce moyen naturel de locomotion. Lorsque la larve est grosse et qu'on la reconnaît à sa marche, à sa couleur et à ses habitudes, on peut plus facilement l'attaquer et la détruire, mais avec un peu d'attention on peut également découvrir et détruire quantité d'œufs, de très-petites chenilles, des nymphes et même des papillons.

Si, par exemple, dans le mois d'avril on a remarqué la présence de la chenille sur un arbre, il faut, vers la fin de mai ou courant de juin, piocher la terre sous l'arbre jusqu'à une profondeur de 10 à 12 centimètres afin de ramener par cette opération les nymphes à la surface du sol, ou bien encore chercher celles-ci sous toutes les pierres et les mottes qui avoisinent cet arbre et les écraser. Après la chute de la feuille on peut aussi visiter les arbres nains, en suivre avec attention toutes les parties, on découvrira certainement quelques petits points gris et brillants; ce sont autant d'œufs dont il faut le débarrasser et ce sera autant de chenilles de moins qu'il aura à nourrir l'année suivante.

Si, vers le milieu du mois d'octobre, on place au pied de l'arbre une torche composée de chiffons, recouverts d'une matière visqueuse et gluante on arrêtera la femelle du papillon et on préviendra par ce moyen l'accouplement et par conséquent la ponte. La glu, ou mieux encore les vieux dépôts d'huile de noix ou de lin non cuite rempliront parfaitement le but qu'on se propose d'atteindre. On attaquera la jeune larve au milieu des boutons et dans son nid avec la lame d'un canif et une petite pince de botaniste; sa retraite est d'ailleurs facile à reconnaître par les fils de soie qui la recouvrent et l'empêchent de s'épanouir. Quant à la grosse larve il est impossible de la manquer : toute feuille roulée autour de laquelle on remarque des débris de feuilles retenus par des fils, dénote sa présence ; en déroulant la feuille, ou en brisant le nid, on trouve l'insecte. Lorsqu'il est débusqué il cherche à échapper, alors il se laisse couler à terre, où il demeure un instant contourné et immobile. S'il est préoccupé de son dîner, on le fait souvent tomber en appliquant un coup brusque au pied de l'arbre. Nous savons par expérience qu'il faut continuer cette chasse sur le même arbre plusieurs jours de suite. L'expérience nous a appris aussi que l'arbre, une fois attaqué, l'est pendant plusieurs années et que celui qui est sain et vigoureux, est attaqué rarement.

Avec toutes les précautions que nous venons d'indiquer, nous avons pu pendant le mois d'avril dernier, sauver la vie à un poirier de Beurré d'Arenberg qui, l'année dernière, avait été fortement endommagé. Toutefois, ce poirier se ressent encore aujourd'hui des rudes épreuves qu'il vient de traverser.

Arpenteuse effeuilleuse.

On trouve parfois et isolément sur les arbres fruitiers une autre arpenteuse bien différente de la précédente; on la nomme scientifiquement *geometra defoliaria*, nom que nous traduisons en celui d'*arpenteuse effeuilleuse*. Cette chenille, souvent très-abondante dans les pays boisés, où elle commet de graves dégâts, est heureusement assez rare dans le Lyonnais. Elle est grosse, plate, longue de quatre à cinq centimètres. Son corps, recouvert d'un duvet fin et court, particulièrement sur le dos, est d'un brun gris cendré, mélangé de roux, de rouille et de jaune sale. Cette couleur se marie si bien avec l'écorce de quelques arbres, qu'il est difficile d'apercevoir l'insecte, qui d'ailleurs est si plat et tellement appliqué contre les branches qu'il semble faire corps avec elles. Nous savons, non par expérience, que le papillon de cette arpenteuse est organisé comme celui de l'arpenteuse verte et qu'il se comporte de même. Mais comme nous ne l'avons pas étudié, nous nous bornons à recommander pour la destruction de l'espèce les moyens qui sont indiqués pour celle de l'espèce précédente. Toutefois, nous devons ajouter qu'il est imprudent de toucher la chenille avec les doigts.

La chenille du papillon gazé.

Linnée désigne la chenille du papillon gazé sous le nom de Peste des jardins. Comme ce nom est très-caractéristique, peut-être ferait-on bien de le conserver.

Le papillon apparaît pendant le jour depuis le milieu de mai jusqu'à la fin de juin. Il est de moyenne grandeur ; son corps a deux centimètres de long, les ailes supérieures déployées en ont de 6 à 7 ; corps et ailes sont blancs ; toutefois celles-ci sont comme transparentes, ombrées d'une teinte très-légère tirant sur le vert. Les supérieures sont ornées de plusieurs lignes noires transversales qui se relient entre elles vers le milieu de l'aile par une fausse nervure perpendiculaire de même couleur; c'est à l'aide de ces nervures qui ressemblent à un éventail qu'on reconnaît ce papillon d'avec celui de la chenille du chou auquel il ressemble de loin. L'accouplement a lieu jusqu'à la fin de juin d'une manière curieuse. La femelle choisit une tige d'herbe mince mais droite et s'y fixe perpendiculairement ; le mâle, qui vole à sa recherche, la trouve et vient se placer juste en face d'elle dans la même position ; les deux insectes ainsi réunis demeurent dans un repos complet pendant plusieurs jours.

Après l'accouplement, la femelle dépose ses œufs au nombre de cent à deux cents sur les feuilles de l'arbre qui doivent nourrir sa famille. Ces œufs sont rangés par petits tas assez élevés, rassemblés à côté les uns des autres sur la même feuille, et toujours recouverts de gomme, et non de poils, comme ceux du papillon de la chenille commune ; ils sont assez gros, oblongs, cannelés et jaunâtres ; au moment de l'éclosion, qui a lieu douze ou quinze jours après la ponte, ils prennent une teinte argentée et les deux bouts seulement restent jaunes. A peine la chenille est-elle éclose que tous les œufs disparaissent de dessus la feuille, ils ont pour ainsi dire été fondus comme de la cire. Des œufs placés le 16 juin dans une boîte de carton ont pris cette teinte argentée brillante en peu de temps, mais ils n'ont pas éclos.

Les jeunes chenilles sont d'un jaune sale, velues, avec la tête noire et une tache de même couleur sur le col, une ligne d'un brun rougeâtre s'étend de chaque côté sur le corps. Elles rongent tout le parenchyme de la feuille dont elles respectent les nervures. Cette feuille, dont les bords sont ensuite reliés par des fils, sert de retraite pour la nuit et d'abri contre les fortes pluies mais comme bientôt elle devient insuffisante à la famille qui grossit, la feuille voisine est à son tour attaquée, dévorée et ficelée. C'est sous ses fibres desséchées que la chenille fait sa première mue, qui apporte fort peu de changement à sa couleur primitive Après avoir dépouillé et réuni plusieurs feuilles dont elles ont eu le soin d'attacher solidement tous les pétioles au rameau pour préserver le nid de tout accident, elles le quittent pour aller chercher leur nourriture sur les feuilles voisines ; jamais elles ne s'en éloignent beaucoup, tous les soirs elles rentrent au logis et pendant le jour, lorsqu'il fait trop chaud ou qu'il pleut. Elles se comportent ainsi jusqu'au mois de septembre, époque à laquelle elles préparent leur habitation d'hiver et où elles cessent de manger. Ces habitations sont composées d'une ou deux feuilles dont les bords sont courbés et solidement rapprochés au moyen de nombreux fils de soie ; les pétioles sont également fixés au rameau par une toile fine et compacte qui les préserve de la chute en automne. L'intérieur du nid, qui n'a qu'une ouverture étroite, est tapissée d'une toile très-fine ; ce nid composé d'une ou deux feuilles seulement semble bien petit pour contenir une famille composée de cent à deux cents individus, c'est vrai ; mais comme à l'époque de sa construction la famille décimée par les intempéries, d'un côté, et par les ennemis naturels de l'autre se trouve réduite à vingt ou trente individus, parfois plus, parfois moins, on comprend alors l'exiguité du logement. Chaque membre se file une enveloppe particulière dans laquelle il passe l'hiver dans un engourdissement complet et où il brave les plus grands froids.

Lorsque les premières chaleurs du printemps commencent à se faire sentir, les chenilles sortent de leur engourdissement, alors un ou deux membres de la famille partent à la découverte et vont s'assurer si l'arbre peut offrir une nourriture suffisante à la colonie. Ces éclaireurs rentrent au nid sans avoir mangé. Si la découverte n'est pas bonne, les chenilles restent au logis; mais si, au contraire, elle est heureuse, la famille sort et va dévorer les boutons des fleurs qui commencent à s'épanouir. Si la nourriture est abondante, l'insecte grossit à vue d'œil, surtout après sa deuxième mue qui a lieu vers le milieu d'avril.

Après cette seconde mue, la chenille porte sur le dos deux rangs de taches jaunes très-rapprochées, séparées par une ligne noire couverte de poils jaunes et blancs, à laquelle viennent aboutir des lignes obliques d'un gris cendré qui descendent parallèlement sur les côtés. Après la troisième mue, qui suit de près la seconde. la chenille se reconnaît à trois lignes noires dont la médiane se prolonge sur presque toute la longueur du dos et qui sont séparées les unes des autres par de petites lignes composées de taches d'un jaune brunâtre; toutes ces lignes sont terminées par un petit mamelon d'un jaune rougeâtre.

Après la troisième mue, les chenilles se dispersent sur tous les arbres du jardin, mais elles y vivent peu de temps, car elles ne tardent pas à se changer en nymphes. Cette métamorphose s'opère d'une manière curieuse et toute particulière. La chenille commence par attacher à un rameau un fort cable, elle se le passe ensuite par le milieu du corps; ainsi suspendue elle construit un petit coussin de soie qu'elle assujettit au rameau et s'y tient fixée. Après un jour de repos, la tête, qui regarde le ciel, s'agite tantôt à droite, tantôt à gauche avec tant de promptitude qu'on dirait que l'insecte va tomber, mais il n'en est rien; bientôt le repos succède à cette agitation, la peau se dilate au milieu du dos et laisse apercevoir l'enveloppe de la nymphe qui est d'un blanc jaunâtre, parsemé de points d'un beau noir; une ligne de même couleur se prolonge depuis la tête jusqu'à l'extrémité du corps.

Bien que la famille ait singulièrement diminué depuis sa naissance jusqu'à l'automne et qu'elle ait été encore décimée pendant les dernières périodes de son existence, elle n'en commet pas moins des ravages très-considérables ; il faut donc employer tous les moyens possibles pour la détruire.

Au mois de juin, les œufs se laissent assez bien apercevoir, on les reconnait facilement à leur couleur jaunâtre et à la teinte argentée qui les recouvre au moment où ils sont sur le point d'éclore, on les reconnaît aussi à la manière dont ils sont rangés sur les feuilles Les feuilles d'ailleurs ne sont jamais bien élevées, c'est donc plutôt sur les arbres nains que sur ceux qui sont élevés qu'il faut porter ses regards. Lorsqu'on a découvert la ponte, on enlève la feuille et on la brûle.

Après l'éclosion, on suit la trace des dévastations faites par les chenilles, qui réunies pendant l'automne sont faciles à détruire, soit en détachant la feuille sur laquelle elles font leur repas, soit en les écrasant avec une poignée d'herbe, soit, enfin, en détruisant le repaire composé de feuilles rongées et de toile fine et serrée. Si on a négligé ces moyens et qu'on ait laissé l'insecte se repaître au préjudice de l'arbre, il faudra le détruire au moyen des compositions asphyxiantes dont il est parlé plus haut.

Pendant l'hiver, la cueillette des nids faite avec soin peut prévenir tous les dégâts causés pendant le printemps. Cette cueillette doit soigneusement être faite, car les nids sont solidement attachés.

Les nymphes suspendues aux rameaux, vers la fin de mai, sont aussi faciles à découvrir; leur couleur jaune et noire les fait même reconnaître d'assez loin.

Enfin, pendant le mois de juin, on découvrira et on reconnaîtra très-facilement le papillon, particulièrement au moment de l'accouplement, qui dure le plus souvent deux ou trois jours pendant lesquels l'insecte demeure immobile et ne se dérange pas, même à l'approche du chasseur, qui peut alors le détruire sans peine.

Nous avons remarqué que les oiseaux, et surtout l'hirondelle, sont très-friants de ce papillon, le seul diurne dont les œufs éclosent avant l'hiver. Lorsque nous disons le seul diurne, il est bien entendu que nous ne parlons que de ceux que nous connaissons.

La chenille du papillon Chrysorrhée ou Cul doré.

Le papillon à cul doré et sa chenille ont une si grande analogie avec la chenille commune que beaucoup les confondent. Nous avouons que, pendant bien longtemps, nous n'avions remarqué entre ces deux espèces ou ces deux variétés aucune différence ; ce n'est que depuis que nous nous sommes sérieusement occupé d'études et observations que nous avons reconnu que, si elles ne diffèrent pour ainsi dire pas de mœurs et d'habitudes, elles ne se ressemblent cependant pas aussi bien pour la robe.

Le papillon est de la même grosseur, de la même forme et de la même couleur blanc pur, avec le bord des ailes finement brodé gris. La femelle est également lourde et paresseuse ; elle se distingue de celle de la commune par le bourrelet de poils placés près de l'anus qui, au lieu d'être d'un brun roux, sont d'un brun doré. Sauf cette légère différence, le moment de l'apparition de l'insecte parfait, de l'accouplement de la ponte est le même. Le nombre des œufs, leur forme, leur arangement, leur couverture, la place qu'ils occupent, leur éclosion, tout en un mot est semblable.

La chenille, qui est de même grosseur et de même longueur, est d'un brun plus foncé, elle porte de chaque côté du dos une ligne rouge feu lozangée, placée entre deux rangs de taches blanches farineuses, et une autre ligne rouge longitudinale, placée près des pattes. Toutes les parties tuberculeuses sont recouvertes de poils jaune brun, longs et dressés.

Quant aux moyens de destruction nous renvoyons à ce qui a été dit relativement à la chenille commune. Puisque les deux insectes ont les mêmes mœurs et les mêmes habitudes, les moyens doivent être les mêmes, et ils le sont en effet.

La Spongieuse.

La chenille spongieuse, également connue sous les noms de *Zigzag* et de *Dispar*, est une des plus voraces du genre; elle exerce ses ravages sur les arbres des forêts, des parcs, des avenues, des promenades, des vergers, des jardins, et contribue avec celles dont nous avons parlé à les dépouiller de toute leur parure.

Le papillon est nocturne, le mâle très-petit, très-agile est tellement ardent qu'il vole même pendant le jour à la recherche de la femelle. Ses antennes sont brunes et garnies de barbes, ses ailes d'un gris brun sont damassées et moirées de noir. La femelle est trois fois plus grande et plus grosse que lui, mais elle est lourde et paresseuse; aussi reste-t-elle à peu de distance de la coque d'où elle est sortie. On la reconnaît à ses antennes noires, à ses grandes ailes pendantes, imbriquées, tantôt d'un blanc sale, tantôt grises ou d'un brun grisâtre, zébrées et ponctuées de noir, à son gros abdomen couvert, particulièrement près de l'anus, de poils gris brun. On la trouve appliquée et immobile contre le tronc de l'arbre, sous ses branches, sur les souches des haies et même contre les murs de clôture.

Après l'accouplement, qui a lieu au commencement d'août, elle pond dans quelques heures de deux à quatre cents œufs bruns rougeâtres, qu'elle recouvre à mesure de la ponte avec le duvet épais qu'elle porte à l'extrémité de l'abdomen. Les œufs qui éclosent vers la fin d'avril ou le commencement de mai suivant, sont rangés par paquets, ils ressemblent par leur couleur à un morceau d'étoffe de peluche appliqué sur l'écorce.

Trois ou quatre jours après l'éclosion, les jeunes chenilles d'abord réunies en groupe se dispersent sur les feuilles, sans trop cependant s'écarter les unes des autres, elles ne se construisent pas d'abri commun et dorment où elles mangent; mais à l'approche d'un mauvais temps, ou lorsqu'elles veulent muer on les voit se réunir dans les bifurcations des branches. Avant la première mue, la jeune chenille recouverte de poils épais et serrés est entièrement noire; à la seconde mue, qui suit de près la première, ses poils sont plus longs, plus dilatés, et sa robe s'est éclaircie. Après la troisième, elle mange beaucoup et son corps atteint bientôt tout son développement; alors il est d'un brun foncé, gros, renflé, long de quatre à sept centimètres. Les plus petites produisent les mâles, les plus grosses produisent les femelles. Le dos est marqué longitudinalement d'une ligne d'un jaune livide, qui sépare deux autres lignes parallèles, composées de onze paires de verrues, dont cinq bleues du côté de la tête, et six rouges du côté opposé ; toutes ces verrues du dos et des côtés sont recouvertes d'aigrettes de poils noirs, raides et tellement piquants qu'ils pénètrent dans la peau lorsqu'on les touche et occasionnent des douleurs. La tête est grosse, grise avec deux taches noires sur le museau, et une de même couleur sur le col, entre la première et la seconde paire de verrues.

Vers la fin de juin ou le commencement de juillet, elles cessent de manger pour se transformer en nymphes. Cette transformation est assez curieuse: l'insecte fait entre les feuilles, ou dans les crevasses des arbres et des murs un assemblage de quelques gros fils de soie bruns, dans lequel il se transforme. Ce réseau très-clair laisse, pour ainsi dire, la nymphe à découvert ; celle-ci est grosse, brune et recouverte de poils roux, elle deviendra papillon dans le courant d'août.

On ne doit rien négliger pour détruire cette chenille, l'un des plus grands fléaux de notre verdure, et bien que sa destruction soit moins facile que celle de la commune et de ses congénères qui éclosent avant l'hiver, on peut cependant, avec quelques soins, en atténuer fortement le nombre et par conséquent restreindre les dommages qu'elle cause.

Il est inutile de songer à la chasse du papillon mâle, il est trop actif et trop volage, quant à la femelle c'est différent, elle est grosse, lourde et semble peu s'inquiéter de ses ennemis.

Mollement fixée contre le tronc de l'arbre, sous ses branches. contre les murs, les vieilles souches ou les piquets, elle ne se dérange jamais ; il est donc facile vers la fin de juillet ou le commencement d'août, de la trouver et de la détruire. Il ne sera pas plus difficile, pendant l'automne et l'hiver, de détruire sa ponte, qui se trouve aux mêmes endroits, et qu'on reconnaît à sa grosseur, à sa forme et à sa couleur. Lorsque cette ponte se trouve sur un arbre, on fera bien de l'enlever avec une partie d'écorce. Les œufs seront écrasés ou même encore brûlés. Il semble que la chenille ne vivant pas en communauté comme beaucoup d'autres, il soit moins facile de l'apercevoir et de lui faire la chasse. C'est vrai; mais la dispersion n'est pas aussi complète qu'on le pense. D'abord, pendant les trois ou quatre premiers jours de son existence, la famille reste réunie en une masse noire et assez compacte, il sera donc facile en ce moment de la détruire ; ensuite jusqu'à la troisième mue, les membres de la colonie séparés, à la vérité, ne se perdent cependant pas trop de vue ; en effet, il est rare qu'une distance de plus d'un mètre cinquante centimètres sépare le premier d'avec le dernier. Or, sur une semblable surface, la perquisition n'est pas impossible; donc on peut la faire. Si pendant l'existence de la chenille, on visite l'arbre pendant les mues, avant ou immédiatement après un orage, une forte averse ou un coup de vent violent, la chasse sera lucrative. Si les chenilles sont jeunes encore, on les trouve réunies à l'aisselle des branches, si au contraire elles sont vieilles et grosses, elles couvrent le sol. Rien ne s'oppose alors à leur destruction dans ces deux circonstances. Ainsi, réunies, on les asphyxie, à terre, on les écrase.

Pendant la deuxième quinzaine de juin et la première quinzaine de juillet, on détruira les nymphes qu'on trouvera isolées. mais très-visibles, dans les feuilles, dans les crevasses des écorces et dans les trous de murs.

Pendant la chasse à la chenille, on prendra garde de la toucher avec les doigts, et qu'elle ne tombe sur le visage ou sur les mains; il sera également très-prudent de ne pas toucher les paquets d'œufs autrement qu'avec un outil ; sans cette précaution on risque d'éprouver de fortes démangeaisons.

Fausse Chenille jaune.

Pendant le mois de juin, on rencontre accidentellement, et particulièrement sur quelques poiriers, une larve qui de loin ressemble à une chenille ; elle est d'un jaune sombre un peu brunâtre, large de deux à trois millimètres et longue de deux à trois centimètres. Sa tête est d'un beau noir brillant, avec une tache de même couleur de chaque côté du col. Deux petits tubes également noirs, courts, articulés, coniques, aigus semblent remplacer les yeux. Le corps annelé, presque cylindrique, mais plus renflé dans son milieu qu'à ses deux extrémités, est vigoureux; on le dirait couvert d'un vernis brillant. Cette fausse chenille n'a que trois paires de petites pattes en crochet sous le col et une paire seulement près de l'anus ; ces dernières sont plus longues, droites et très-écartées l'une de l'autre. Les six anneaux du milieu du corps sont terminés par une membrane mince, arrondie et assez longue qui semble tenir lieu de pattes. Toutefois, dans sa marche, l'insecte ne conserve pas longtemps les allures d'une véritable chenilles, car nous avons remarqué qu'il perd souvent l'équilibre et qu'il se traîne de côté. C'est pendant une de ces marches que nous avons reconnu que le corps glabre était recouvert d'une substance visqueuse et tellement glutineuse, que l'insecte jeté à terre entraînait avec lui des graviers ,dont quelques-uns étaient de la grosseur d'un pois.

La colonie, rarement composée de plus de vingt-cinq à trente membres, vit réunie ou peu dispersée; elle naît à la base des branches dont elle ronge les feuilles jusqu'au pétiole, auquel elle ne touche pas. Elle continue d'exercer ses ravages jusqu'au sommet de la branche qu'elle dépouille en fort peu de temps. Dans sa marche ascentionnelle elle file une toile brune, grossière, à larges mailles, qu'elle recouvre de tous ses excréments noirs et humides. C'est sous cet impur réseau que l'insecte, en cas d'attaque, se réfugie et s'agglomère en une masse compacte.

Sicette fausse chenille était aussi commune que la Livrée, par exemple, et que les colonies en soient aussi considérables, au mois de juin, les poiriers sembleraient sortir d'un incendie. En effet, le soir à quatre heures, nous sommes passé près d'un poirier sur lequel nous n'avons rien remarqué d'inquiétant. Le lendemain matin, vers les onze heures, nous repassons à côté du même arbre. Qu'on juge de notre surprise lorsque nous reconnaissons que toutes les feuilles d'une branche, sur une longueur de plus d'un mètre, étaient dévorées par vingt-neuf de ces petits insectes d'inégale grosseur et longueur.

D'après nos observations, nous pensions que cette larve devait se réfugier en terre pour y subir sa métamorphose; c'est du moins ce que nous devions supposer, puisque nous avions vu les plus grosses s'y creuser en peu de temps une galerie de trois centimètres de profondeur, et les plus petites se réfugier sous les pierres mais comme les huit plus grosses larves que nous avions réservées pour nous renseigner et nous convaincre, ont péri, peut-être parce qu'elles n'étaient pas suffisamment développées, ou que la terre dans laquelle elles ont été obligées de se réfugier, était trop sèche, nous sommes resté dans une incertitude d'autant plus regrettable que, malgré les consultations faites et les renseignements demandés, nous ignorons aujourd'hui le nom de la larve et celui de l'insecte qui la produit.

Il est rare que nous ayons eu à détruire plus de cinq à six pontes par an, malgré la grande quantité de poiriers cultivés à l'école d'horticulture, il est très-rare aussi que ces pontes occupent les parties élevées de l'arbre, il est donc facile de les atteindre et de les écraser. Nous regrettons de ne pouvoir indiquer les moyens de les prévenir. Nous ne connaissons pas l'insecte parfait; nous présumons que c'est une *Tenthrède*; mais nous n'en sommes pas certain, ne l'ayant jamais vu.

La Tordeuse rouge des boutons à fleurs et à bois.

Lorsque nous vous avons parlé des ravages qu'exercent les insectes, nous vous avons recommandé de surveiller les boutons, particulièrement ceux à fleurs, dont les écailles réunies par leur sommet empêchent l'épanouissement des bouquets : nous vous avons dit que cette anomalie était causée par des insectes, et que ces insectes, il fallait les détruire : l'un d'eux, surtout est fort dangereux, c'est la petite chenille rouge des boutons. Son papillon est moyen, ses ailes sont grises, partagées par une bande blanche, parsemée de petites taches grises ; parfois cette bande est si large qu'elle occupe au moins le tiers de la surface de l'aile. Ce papillon nocturne est timide. Il se tient caché pendant le jour dans les endroits les plus sombres des arbres nains, très-rarement sur les arbres à haute tige. Le mâle et la femelle ont également le vol actif, ce qui, avec leur timidité naturelle, permet peu de les atteindre.

Pendant le mois de juin la femelle dépose ses œufs isolément sur les boutons, particulièrement ceux à fleurs, où ils passent l'hiver. Ces œufs d'un vert tendre, petits, transparents, éclosent au printemps, dès que la sève se met en mouvement et que les boutons commencent à se gonfler. En sortant de la coquille, la jeune larve attaque le bouton près duquel elle est née. S'il sort de la blessure qu'elle fait un liquide miellé, c'en est fait du bouton : sa croissance est définitivement arrêtée, il est vide et se dessèche ; si, au contraire, la déperdition de sève n'a pas lieu, le bouton continue à croître ainsi que la chenille, toutefois, pour assurer son existence, elle a soin de réunir les écailles avec des fils, ce qui lui permet de dévorer toutes les parties intérieures. S'il arrive qu'après avoir anéanti quelques boutons, elle n'ait pas atteint toute sa croissance, elle attaque les fleurs et même les fruits noués qu'elle trouve à sa portée.

Un mois après sa naissance, elle se file un cocon blanc dans lequel elle se transforme en une nymphe d'un brun clair.

laquelle se changera en papillon pendant la dernière quinzaine de mai.

Il ne faudrait pas attribuer l'altération de tous les boutons qui n'éclosent pas au printemps à cette chenille seulement, car beaucoup sont rongés à l'intérieur par la larve d'un charançon dont nous vous entretiendrons plus tard.

Par un temps de pluie, on peut bien détruire quelques papillons en agitant l'arbre ; toutefois ce moyen est peu efficace. Les œufs isolés et petits sont difficiles à découvrir, et ce serait donc perdre son temps que de se mettre à leur recherche. On sera plus heureux pendant l'hiver avec les nymphes ; on les trouvera enveloppées de leur cocon blanc dans les crevasses ou sous les fragments d'écorces; mais la chasse la plus fructueuse sera sans contredit celle qu'on fera à la chenille. Pour la détruire, on ouvre avec une lame fine les boutons dont les écailles sont réunies, on fait pénétrer la lame dans l'intérieur en écartant les parties altérées. Dès que l'insecte se sent attaqué, il se réfugie au cœur de la place. C'est là où la lame doit l'atteindre et le tuer. Il faut aussi le rechercher dans les fleurs qui ne s'ouvrent pas. Souvent il en ronge tous les organes. Enfin, si on aperçoit un bouquet de trois ou quatre fruits collés les uns contre les autres, on les séparera et on trouvera dans l'un d'eux notre chenille occupée à le ronger.

Nous recommandons cette chasse à la chenille d'une manière toute spéciale, parce que nous avons appris par expérience qu'en visitant avec soin les boutons qui ne peuvent s'ouvrir, on parvient facilement à les débarrasser de toutes les chenilles qui les dévorent.

Outre celle que nous venons de nommer, on en trouvera encore une petite brune, une un peu plus grosse, d'un vert clair, et enfin, une plus grosse encore, d'un vert bouteille avec taches noires sur les côtés.

Cossus ligniperda

L'arbre favori de la chenille Cossus est le saule, mais comme elle attaque parfois le pommier, le poirier et plusieurs autres arbres fruitiers et d'ornement, nous devons la mentionner ici. Ce sera, il est vrai, une répétition dans les annales de notre Société, car le Cossus a déjà été l'objet d'une notice publiée dans ses bulletins par l'un de ses membres, feu Alexis Bourgeois, qui s'était consacré à l'étude des insectes. Nous trouvons cet intéressant article à la page 61 du bulletin publié en 1845. Nous n'ajouterons rien à la question scientifique si bien traitée par notre regretté collègue. Nous dirons seulement que cette chenille attaque indistinctement les arbres de toutes les grosseurs qu'ils soient sains ou qu'ils soient malades, qu'elle les perfore et les ronge pendant trois années successives. La première année, comme elle est encore peu forte, elle ronge les parties intérieures du liber et de l'aubier. La seconde année, elle a déjà atteint une longueur de cinq à six centimètres et une grosseur proportionnée, elle n'attaque que le bois parfait. Enfin, la troisième année, ce n'est plus une chenille, c'est un monstre horrible dont le corps a 18 millimètres de diamètre et dix centimètres de long. Arrivée à cette grosseur, la chenille perfore le cœur de l'arbre qu'elle ne quitte que pendant le mois de mai pour se métamorphoser en nymphe.

On reconnaît la présence de cette chenille par la sciure de bois brune et humide agglomérée au pied de l'arbre et à l'ouverture de la galerie. Cette ouverture est rarement à plus d'un mètre au-dessus du sol, il est donc facile d'y introduire un fils de fer, de le pousser et de le retirer jusqu'à ce qu'on s'aperçoive que son extrémité est couverte d'une matière humide et huileuse qui dénote que la chenille a été atteinte. Dans le doute, on visite l'ouverture un jour ou deux après l'opération ; si on aperçoit de la nouvelle sciure, on réintroduit de nouveau le fil de fer.

Lorsqu'on est assuré d'avoir détruit l'insecte, on affranchit l'écorce altérée et on bouche l'ouverture avec du mastic à greffer ou de l'ongent de Saint-Fiacre ; alors l'arbre se guérit si la larve est encore jeune. Dans le cas contraire, l'arbre périt.

Pendant les mois de juin et de juillet la femelle se tient pendant le jour, appliquée et immobile contre le tronc de l'arbre et près de sa base; elle est de la grosseur du doigt et de la couleur de l'écorce. En visitant les arbres à ces époques on peut la reconnaître et la détruire, on rendra un service immense à l'arboriculture.

Plusieurs autres chenilles attaquent nos arbres fruitiers, mais nous les passons sous silence pour deux motifs; le premier, c'est que le dégât qu'elles commettent est peu considérable, souvent même insignifiant; le second, c'est que nous ne connaissons pas leurs noms et fort peu de choses de leurs habitudes. Nous nous contentons donc d'en recommander la destruction toutes les fois que l'occassion s'en présentera. Nous signalons particulièrement une petite tondeuse d'un vert noirâtre, qui détruit au commencement de juin les extrémités herbacées des jeunes pousses du pêcher, particulièrement de celui qui est élevé en haute tige. Nous appelons aussi l'attention des jardiniers sur une autre chenille assez grosse, arrondie, très-grasse, d'un blanc bleuâtre, ponctuée de taches noires, qui frange par ci, par là, quelques feuilles de poirier. Ces recommandations faites, passons aux chenilles du chou.

Des Chenilles du Chou.

Trois espèces de chenilles très différentes attaquent les choux, les altèrent et les détruisent. Les papillons de deux de ces espèces sont très-communs; on les désigne sous les noms de *grand* et de *petit papillon blanc du chou*. Ils se ressemblent tellement que souvent on les confond. Cependant ils n'ont pas les mêmes habitudes et leurs chenilles diffèrent entre elles par la couleur, la grosseur et la forme. Ces deux papillons voltigent le jour; ils ont les ailes blanches, teintées de jaune particulièrement en dessous, et les extrémités sont relevées de taches noires. Leur accouplement a lieu de la fin de juin à la fin d'août. La femelle du grand papillon dépose ses œufs verdâtres et brillants, par groupes, sur les feuilles du chou. Celle du petit dépose les siens isolément, tantôt sur le chou, tantôt sur d'autres plantes de la même famille, même sur le réséda et la capucine. La chenille du premier est d'un vert blanchâtre, ombré de bleu; elle est chargée de points et de taches noires, irrégulières, traversés par trois raies jaunes, longitudinales, dont une sur le dos et deux sur les côtés. Son corps légèrement velu atteint environ quatre centimètres de long. Elle se nourrit particulièrement des parties tendres des feuilles ouvertes et ronge les bords de celles qui forment ou commencent à former la tête du chou. Parfois cette chenille est si abondante et ses ravages successifs se prolongent si longtemps que les choux ne pomment pas.

La chenille du petit papillon, moins grosse, moins longue, plus ronde, à peine velue, est d'un beau vert tendre; elle ronge l'intérieur du chou. Les dégâts qu'elle commet sont bien minimes en comparaison de ceux que cause la précédente; d'ailleurs, elle ne prend pas sa nourriture uniquement sur le chou, puisqu'on la rencontre également sur diverses crucifères et sur d'autres plantes de familles différentes.

Lorsque ces chenilles ont acquis leur accroissement, elles se métamorphosent en nymphes vertes, anguleuses, sans faire de cocons, elles se passent seulement autour du corps un fil auquel elles se suspendent le long des tiges, des plantes, des arbres et surtout le long des murs.

La troisième chenille, qu'on nomme vulgairement Ver du cœur, provient d'un papillon de nuit dont les ailes supérieures sont brunes et les inférieures jaunes, bordées de noir. La femelle pond ses œufs isolément sur le chou; elle est plus grosse que les précédentes, mais beaucoup plus courte et plus renflée; elle est d'une couleur verte, obscure, livide et dégoûtante; elle perce les choux jusqu'au cœur pour manger les feuilles les plus tendres et se dérober à la vue.

On peut détruire ces trois chenilles par plusieurs moyens:

1° Faire bouillir de la cendre de bois et arroser les choux avec l'eau de cette lessive;

2° Répandre sur les choux de la cendre sèche de bois ou de la chaux vive en poussière;

3° Par de fréquents et copieux arrosements faits le soir en temps de sécheresse, on détache les œufs et on fait périr la chenille d'une maladie qu'on peut appeler la *pourriture*.

4° Etendre sur les carrés de choux un paillis épais de fumier de cheval ou de mouton dont l'odeur pénétrante a la propriété de chasser les papillons. Des expériences faites avec du fumier en putréfaction ont été des plus concluantes ; les choux ont été préservés.

5° On indique comme procédé nouveau et comme moyen de destruction de la chenille, les coquilles d'œufs placées au bout de petites baguettes, plantées à côté des choux; ces coquilles attirent les femelles de papillons blancs, qui y déposent leurs œufs; ces œufs éclosent, mais la larve, privée de nourriture, périt. Nous avons vu, dans notre enfance, mettre plusieurs fois ce procédé en pratique, ce qui prouve qu'il n'est pas nouveau.

6° Un propriétaire, s'étant aperçu que les papillons se posaient en grand nombre sur les tiges fleuries de l'oignon, put les surprendre sans peine et les détruire par centaines chaque soir. Ainsi préservés, ses choux purent prospérer et atteindre, sans accident, tout leur développement. Nous rappelons ce fait, pour que nos horticulteurs puissent faire des essais, et nous souhaitons qu'ils réussissent;

7e Faire bouillir des feuilles de Palma-Christi dans une certaine quantité d'eau, celle-ci répandue sur les choux, détruit toutes les chenilles. On obtient le même résultat avec de l'eau dans laquelle on a fait infuser ou macérer des feuilles de Sureau.

Des mouches nuisibles aux arbres fruitiers.

Deux mouches très-différentes l'une de l'autre, mais également nuisibles, attaquent les fruits au premier printemps et les font périr. Je nommerai la plus grosse la mouche des poires, parce que c'est particulièrement sur le poirier qu'elle exerce son industrie ; l'autre s'appelle, je crois, la mouche à scie des pommes et des poires, pour la distinguer d'une autre mouche à scie qui attaque le rosier.

Mouche du poirier.

La mouche du poirier est grosse, une des plus grosses du genre. Sa tête est bombée sur le front, qui est étroit, ses yeux sont bruns et saillants, son abdomen velu est gros, conique, aplati, grisâtre en dessous, noir, maculé, blanc bleuâtre sur la partie supérieure ; le corcelet est strié des mêmes couleurs les ailes grandes sont très-ouvertes, on remarque à leur naissance deux fausses ailes, très-courtes. Les six pattes sont noires et velues, mais plus particulièrement les deux dernières qui sont très-grandes. L'insecte est très-agile, il apparaît à la fin de l'hiver ; nous l'avons remarqué se reposer, tantôt sur un bouton à fruit, tantôt sur un autre, mais c'est particulièrement au moment où ces sortes de boutons commencent à s'ouvrir et que les fleurs apparaissent, qu'on le voit plus abondant. En un clin d'œil il se pose sur dix à douze bouquets les plus avancés, et tout particulièrement sur la partie la plus centrale de chaque bouquet. C'est au fond de la corolle de ces fleurs les plus développées que cette mouche pratique sans doute de petites ouvertures au fond desquelles elle dépose ses œufs et qui, à peine visibles à la loupe, éclosent bientôt. Le fruit se noue, se gonfle et s'arrondit. Bientôt aussi, il prend une teinte rousse ou brune. Si on l'ouvre dans ce moment, on découvre au centre de vingt à quarante petits vers blancs, minces et longs tout au plus de deux millimètres. Ces petites larves demeurent dans le fruit jusqu'à ce qu'il devienne noir et tombe ; alors elles se cachent en terre où elles se transforment en nymphes. Nous ne pouvons pas dire à quelle époque a lieu cette métamorphose, les boîtes à moitiés pleines de terre dans lesquelles nous avions placés quelques fruits ont été dérangées. Toutefois, nous pouvons affirmer que le trois juin, une mouche s'est échappée d'une boîte au moment de l'accident qui a paralysé nos observations.

Nous ne connaissons qu'un moyen de détruire cette ennemie de nos poires, ce moyen consiste à enlever de l'arbre tous les fruits intempestivement grossis ; on les reconnaît d'ailleurs à leur forme arrondie, au renflement qu'on aperçoit à la base du pédoncule et à la couleur brune ou rousse qui les recouvre en partie. Cette cueillette doit se faire avant que le fruit noircisse, car arrivé à ce point de corruption, il ne renferme plus que quelques larves, souvent même il n'en renferme pas une. Ces fruits seront soigneusement écrasés et broyés dans la crainte que quelques œufs ou quelques larves n'échappent à la destruction.

Mouche à scie.

Si, vers la fin d'avril et le courant de mai, on examine avec un peu d'attention les poires et les pommes, on en trouve une grande quantité qui sont piquées, les unes près de l'orifice, les autres près du pédoncule ; on remarque qu'il sort de ces piqûres une poussière grenue rousse, toujours accompagnée d'un liquide huileux, brun, dont l'odeur rappelle celle que répand la grosse punaise des bois. Le liquide est émis par une larve, et les matières grenues sont ses excréments.

Pendant longtemps, mon ignorance me faisait prendre cette larve pour celle de l'insecte qui répand un fluide si désagréable, mais j'ai été détrompé par les excellentes dissertations de Messieurs Lepelletier et Delacour qui me servent de guide dans mes recherches, et que je regarde comme les deux seuls auteurs qu'on puisse consulter. Malheureusement, ces deux estimables et modestes savants n'ont décrit que fort peu d'insectes, les seuls sans doute qui commettent des ravages dans les localités qu'ils habitent. C'est à M. Delacour que je dois de connaître l'insecte parfait, auteur de la larve pestilentielle et dégoûtante, qui ronge les poires et les pommes pendant les premiers jours du printemps. Cet insecte est la mouche à scie ; elle a quatre ailes transparentes d'un gris sombre ; le dessus du corps qui a environ un centimètre de long est d'un beau noir brillant, tirant sur let foncé; lare e dessous ainsi que les antennes et les pattes sont d'un jaune ocré brunâtre. Elle est très-agile et très-difficile à saisir ; on la voit voltiger autour de l'arbre, choisir, pour ainsi dire, la place où elle doit se poser. Cette place est toujours un bouquet bien développé et la fleur du bouquet la plus avancée. Elle pénètre alors dans la corolle, se cache sous les pétales à peine entrouverts, perfore le centre du calice avec la scie qu'elle porte à l'extrémité du ventre et dépose un œuf qui éclot dans quelques jours. La jeune larve pénètre dans l'intérieur du fruit, y établit une galerie dont l'ouverture est presque toujours placée à la base des sépales du calice de la poire; c'est par cette ouverture qu'elle rejette ses excréments et la liqueur qui suinte de son corps.

Le fruit ainsi attaqué continue à grossir encore quelque temps, juste celui qui est nécessaire à la larve pour acquérir son développement. On dirait qu'elle retient le fruit sur l'arbre jusqu'à cette époque qui arrive ordinairement dans le milieu de juin. Si dans ce moment on ramasse les fruits tombés et qu'on les ouvre, on n'y trouve plus la larve. Elle en est sortie immédiatement après la chute pour se cacher en terre, s'y filer un petit cocon brun ovale, et s'y tranformer en nymphe, forme qu'elle gardera jusqu'au printemps suivant.

Cette larve est d'un aspect repoussant, son corps court, voûté, articulé est d'un jaune sale, mélangé de brun clair ; sa tête brillante est rousse; ses pattes au nombre de vingt, sont placées: six sous la poitrine, deux près de l'anus, et les douze autres correpondent à autant d'anneaux ou de plis. Comme les chenilles n'ont jamais plus de seize pattes, il est facile de ne pas confondre la larve d'une mouche à scie avec une chenille qu'on trouve également dans les poires et dans les pommes, depuis le commencement de mai jusqu'au moment de la cousommation du fruit, et qui est généralement désignée sous le nom de ver.

Comme la mouche est très-agile et très-méfiante, il est assez difficile de la détruire, à moins qu'elle ne se laisse surprendre lorsqu'elle s'introduit sous les pétales des fleurs.

Le résultat sera plus certain en enlevant de dessus l'arbre

tous les fruits piqués; souvent ils sont malheureusement très-nombreux, ce qui annonce que la mouche est féconde. Tous ces fruits doivent être ouverts et l'insecte écrasé.

En piochetant peu profondément pendant l'été, l'automne ou l'hiver sous les arbres, on ramènera à la surface du sol une grande quantité de cocons et de nymphes, qu'il sera facile de détruire. Sans ces précautions, les fruits attaqués d'un arbre le seront encore davantage l'année suivante.

La Chenille des fruits à pepins.

Le plus dangereux des ennemis des fruits à pepins est sans contredit la petite chenille qui les attaque et les détruit successivement pendant toute leur durée, c'est-à-dire depuis leur formation jusqu'à leur consommation.

Le papillon qui engendre ce redoutable destructeur, est un papillon nocturne, un des plus petits et des plus coquets du genre. Ses ailes supérieures sont d'un brun cendré, obliquement parsemées et comme moirées de nuances, tantôt plus foncées, tantôt plus claires que le fond ; ces nuances parfaitement harmonisées leur donnent l'apparence d'une étoffe damassée. A leur extrémité inférieure on remarque une belle tache d'un rouge brun, parsemée de petits points blanchâtres, encadrée d'une ligne formant fer de cheval, de couleur rouge doré. Les deux ailes inférieures sont d'un rouge brun jaunâtre, mais cette nuance s'affaiblit sensiblement du haut en bas; elles sont marquées obliquement de lignes parallèles tranchées. L'expansion totale des ailes n'est que de 12 à 15 millimètres; le corps, relatif à cette grandeur, est d'un gris brun, avec des antennes filiformes de même couleur.

On aperçoit ce papillon dès le commencement d'avril, et son accouplement a lieu vers le milieu et jusqu'à la fin du mois. C'est alors qu'on voit la femelle voltiger le soir autour des arbres et se reposer sur les fruits naissants. A l'aide d'un tube aigu, qu'elle fait sortir de la partie postérieure de son corps, elle introduit un œuf isolé dans l'intérieur du calice ou dans la cavité où s'implante le pédoncule du fruit. Lorsque le temps est favorable, cet œuf éclot en quelques jours et, à la fin de mai, la larve qui en est sortie a déjà établi ses galeries dans l'intérieur du fruit.

Cette larve, qui a seize pattes, est d'abord d'un blanc sale saumoné; sa tête est d'un noir brillant; au-dessus du col règne une tache de même couleur. Le corps est parsemé très-clairement de poils courts; sur le côté des anneaux on remarque quatre petits points noirâtres. Lorsque cette larve approche de son plus grand développement, elle passe à la couleur de chair et les petites ponctuations latérales deviennent grises.

A son dernier âge, la chenille est très-agile; si on la force de quitter le fruit avant qu'elle doive le faire, elle s'empresse de chercher un refuge obscur et caché. Pendant les mois de juin, juillet, août et septembre, on en trouve de très-petites, d'un peu plus grosses, des moyennes, de prêtes à quitter le fruit et enfin d'autres qui s'occupent de leur transformation; ce qui démontre d'une manière évidente que l'insecte se reproduit plusieurs fois pendant la belle saison et qu'il n'est pas étonnant qu'un fruit qu'on avait d'abord jugé sain et en fort bon état, se trouve quelques jours après, attaqué et endommagé.

Une fois la partie charnue détruite, la chenille mange le cœur et les pepins, ce qui détermine nécessairement la chute du fruit; mais que celui-ci tombe ou qu'il demeure attaché à l'arbre, elle l'abandonne dès qu'elle a atteint tout son développement. De même qu'après la chute, on ne trouve plus la larve de la mouche à scie dans le fruit, de même notre chenille l'abandonne aussitôt qu'il est à terre.

En effet, on n'en trouve pas une seule dans tous ceux qui parfois couvrent le sol. Toutes les ont abandonnés pour chercher un gîte sûr, où elles pourront filer leur cocon et se métamorphoser en nymphes, pour réapparaître bientôt à l'état de papillons, d'œufs et de larves.

Avant de porter les fruits aux fruitiers, nous avons l'habitude de les ranger sur une très-grande table. composée de planches de sapin grossièrement ajustées; ils restent ainsi installés pendant quelques jours, jusqu'à ce qu'ils aient un peu perdu de cet excès d'humidité dont ils sont saturés. Le matin, lorsqu'on ouvre la chambre, on aperçoit une grande quantité de larves qui ont abandonné les fruits pendant la nuit pour gagner une retraite. Nous avons trouvé leurs cocons de tous les côtés, dans les fentes de la table, aux angles des murs et du plafond, sous les chaises et jusque dans des brochures.

Après avoir choisi une place convenable sur le tronc de l'arbre, telle que les crevasses, les gerçures profondes, les cavités, la chenille s'y installe, s'y repose et s'occupe ensuite d'approprier son logement ; à cet effet, elle creuse dans l'écorce ou dans le bois une petite fosse sous forme de nacelle où elle s'enferme dans un cocon blanc composé de fils très-fins, entremêlés de brins de bois ou d'écorce ; peu de temps après, elle se transforme en une petite nymphe d'un brun pâle. Le 15 juin, nous en avons trouvé parfaitement conservées, bien que leur formation datât du mois d'octobre précédent.

On comprend par ce qui précède combien il est difficile de s'opposer aux ravages de cet insecte nocturne, si petit et qui prend tant de précautions pour se soustraire à tous les regards. Cependant on en diminuera considérablement le nombre si, en visitant avec soin les arbres fruitiers, et tout particulièrement ceux des jardins, pendant les mois d'avril, mai et juin, on leur enlève tous les fruits piqués qu'on reconnaît facilement à la poussière brune et grenue qui se trouve agglomérée au moyen de fils à l'ouverture de la galerie. Comme souvent l'insecte n'empêche pas le fruit de grossir et qu'il en accélère au contraire la maturation, on laissera sur l'arbre, à partir de juillet, tous les fruits qui ont une tendance à grossir.

On peut dans toutes les circonstances essayer de faire périr la chenille et de conserver le fruit sur l'arbre. Pour obtenir un résultat certain, mais cependant assez borné, on se servira d'un petit instrument en acier, construit en forme de dard aigu et armé de quatre à six petits crochets tranchants et opposés qu'on introduira dans l'ouverture de la galerie. Par un moyen à peu près semblable, notre collègue, M. Luizet père a pu sauver et conserver un assez bon nombre de fruits ; mais, nous le répétons, ce moyen ne peut s'appliquer qu'à des fruits portés par des arbres bas et particulièrement à ceux dont l'altération n'est pas trop prononcée. Pour peu que la chenille soit atteinte, elle périra, et le fruit acquerra tout son volume ; seulement, il mûrira plus tôt, chose certaine.

On peut faire aussi avec quelque succès une autre chasse, en visitant pendant toute l'année le tronc des arbres. Sûrement on trouvera dans les gerçures et sous les écorces de petits cocons blancs recouvrant les nymphes. Cette chasse sera plus facile et plus lucrative pendant l'hiver que pendant l'été et nous la recommandons d'une manière toute particulière, parce que nous sommes persuadé qu'on en obtiendra d'excellents résultats pour la santé de l'arbre.

DES CHARANÇONS

(Attelabe Rhynchite.)

Plusieurs sortes de Charançons portent un préjudice considérable aux arbres fruitiers. Nous en connaissons particulièrement trois qui détruisent les boutons floraux, les fleurs, les fruits et les jeunes pousses des rameaux de l'année.

Nous les désignons sous les noms de *Charançon des fleurs*, *Charançon du fruit* et *Charançon des rameaux*. Ce dernier est connu des jardiniers sous le nom de *Lisette* et de *Coupe-bourgeon*.

Charançon des fleurs.

Le Charançon des fleurs, long de quatre à cinq millimètres au plus, est d'un brun roux, ponctué, couvert de très-petits poils gris jaunâtres, courts et couchés. Sa tête globuleuse, avec de petits yeux noirs très-saillants, est armée d'une trompe courbée, cylindrique, longue de près de trois millimètres.

Ce petit insecte, fort dangereux, apparaît au commencement du printemps et vers la fin de l'automne. On le trouve aussi pendant l'hiver caché dans les crevasses, sous les écailles d'écorce, sous les pierres et les mottes d'herbe.

Le mâle voltige autour de l'arbre à la recherche de la femelle. Celle-ci atteint les branches et les rameaux sans le secours de ses ailes, dont elle fait peu usage. Après l'accouplement, elle s'empresse d'assurer l'existence de sa progéniture. On la voit alors chercher les boutons à fruit les mieux constitués du poirier ou du pommier, les percer de sa trompe, se retourner ensuite et introduire dans le trou un œuf au moyen de son oviducte. L'œuf déposé, elle se retourne, introduit de nouveau son bec dans le trou pour s'assurer si l'œuf est bien rangé. Après cette opération longue et fatigante, l'insecte en recommence une semblable sur une autre bouton.

La ponte d'automne ne dure que quelques jours pendant lesquels la femelle a déposé de vingt-cinq à trente œufs, lesquels éclosent en peu de temps et donnent naissance à de petites larves privées de pattes, qui rongent l'intérieur du bouton et se changent ensuite en nymphes d'un blanc jaunâtre. Vers la fin de l'hiver, l'insecte parfait quitte le bouton vuidé, pour recommencer le même genre de vie qu'il a mené à l'automne, avec cette différence que la femelle n'attaque plus que les fleurs non épanouies.

Elle attaque plus particulièrement celles du pommier que celle du poirier, bien que sa larve détruise également tous les organes de l'une comme de l'autre. Nous pensons que cette préférence provient de plusieurs causes dont la principale est celle-ci : la larve ne vivant qu'à l'abri des pluies, des grands vents et des rayons de soleil, et le poirier fleurissant au moment de la transformation de la nymphe en insecte parfait, celui-ci est naturellement forcé de donner la préférence au pommier dont les fleurs s'épanouissent plus lentement et dont l'inflorescence est plus prolongée. Nous pensons qu'il en doit être ainsi d'après nos observations, car ayant ouvert des boutons à fruit non développés pendant la grande floraison du poirier, nous les avons trouvés occupés par la nymphe de notre Charançon.

Mais, nous dira-t-on, ce Charançon passe l'hiver sous les écorces d'arbre ou sous d'autres abris, il peut donc attaquer les premières fleurs prêtes à éclore. En effet c'est ce qui arrive. Ainsi, par exemple, nous avons trouvé cette année sous les pétales des fleurs d'un poirier (*Reine des poires*) une grande quantité de larves de Charançon provenant sans doute de la ponte de l'insecte hivernal ou de celui qui a quitté le bouton dans le mois de mars.

La femelle perce le bouton le plus gonflé de la fleur et dépose son œuf au fond du calice avec les mêmes précautions que celles qu'il a prises vis-à-vis du bouton à fruit pendant l'automne. On a calculé qu'il lui faut à peu près trois quarts d'heure pour pondre son œuf et l'abriter d'une manière convenable. L'œuf ne tarde pas éclore, la jeune larve ronge les organes, d'abord les étamines, ensuite les pistils et enfin une partie du calice. Alors les pétales nécessairement altérés ne pouvant s'ouvrir se flétrissent et prennent une teinte brune qui donne au bouton l'aspect d'un clou de girofle. Si on sépare les pétales, on trouve la nymphe recouverte de sa robe à travers laquelle on remarque les organes de l'insecte parfait.

Si la femelle n'était dérangée par aucune circonstance, au moment de la ponte, il faudrait renoncer à la culture des arbres fruitiers, car le nombre de Charançons serait incalculable; heureusement au printemps et à l'automne, les pluies, les orages et les oiseaux détruisent, chassent et dispersent l'insecte et neutralisent en grande partie le mal qu'il pourrait causer. Toutefois il faut qu'à ces auxiliaires l'horticulteur vienne joindre encore son bon vouloir et sa patience; alors réellement le mal sera peu considérable.

Pour détruire les femelles qui marchent plutôt qu'elles ne

volent, on fera bien de cerner le pied de l'arbre un peu au dessous des premières branches, même la base de celles-ci, avec une torche enduite de matière gluante.

Avant la chute des feuilles et au printemps, pendant les mois de mars, d'avril et de mai, on étendra de bon matin sous les arbres un linge sur lequel on fera tomber l'insecte en imprimant à l'arbre une secousse brusque. L'insecte précipité de l'arbre contrefait le mort dans l'espoir de conserver sa vie, mais aussitôt le danger passé, il reprend toutes ses allures ; le chasseur est prévenu, c'est à lui de surveiller l'hypocrite et à le faire vraiment mort.

Tout bouton à fruit qui ne s'ouvre pas en temps utile, c'est-à-dire en même temps que ses voisins, doit être soigneusement enlevé et brûlé ; on le reconnait à sa couleur sombre et terne, d'ailleurs il ne se gonfle pas.

Si on a négligé la chasse avant l'accouplement et que l'insecte ait eu le temps de piquer la fleur, il faut enlever celle dont les pétales non éclos ont pris une teinte brune et ressemblent, comme nous l'avons dit plus haut, à un clou de girofle. De cette manière on détruira ou la larve ou la nymphe.

Nous ferons remarquer que les arbres bien portants, bien vigoureux, et ceux dont la floraison est prompte et rapide, sont rarement atteints de ce Charançon. On peut en conséquence diminuer ou atténuer le mal, en donnant aux arbres les matières et les soins nécessaires pour leur rendre et conserver la santé et la vigueur. Les raclages des écorces font partie de ces soins.

Charançon des fruits.

(Pomme et Poire.)

En certaines années, l'horticulteur, qui visite ses arbres pour leur donner les soins qu'ils réclament, ne manque pas d'apercevoir des poires et des pommes qui semblent très-saines et qui cependant sont déjà rongées à l'intérieur par de petites larves d'un blanc sale, avec une tête brune. Ces larves privées de pattes et qu'on désigne sous le nom de ver, sortent des œufs pondus par la femelle du Charançon des fruits. Cette espèce, plus grosse et plus grande que la précédente, est d'un rouge foncé ombré de violet. Sa trompe a plus de trois millimètres de long, elle est d'un bleu foncé, ainsi que les antennes et les pattes. On trouve parfois le même insecte plus petit et de couleur différente. Ce Charançon pique et vit aux dépens des feuilles jusque vers la fin de juin. Arrivé à cette époque il s'occupe de sa reproduction. La femelle fécondée choisit sur la poire ou la pomme une place bien unie, et perce la peau au moyen de sa trompe. Elle agrandit l'intérieur de ce trou, de manière à en former une petite cellule assez spacieuse pour que la larve qui doit sortir de l'œuf placé dans le fond soit suffisamment à son aise. Bientôt le petit trou se cicatrise, il est bouché par un point noir entouré d'une tache rouge foncé qni s'éteint en une nuance rosée. Souvent la femelle dépose trois ou quatre œufs sur le même fruit. Ces œufs éclosent en peu de jours. La larve grossit, élargit sa demeure, rencontre ses sœurs avec lesquelles elle vit en commun pendant l'espace de trois semaines à peu près. Pendant les premiers jours, le fruit qui ne semble pas altéré continue à grossir, mais une fois que la larve le perce pour chasser ses excréments et pour se donner de l'air, le fruit cesse de grossir. Arrivé à sa grosseur normale, la larve l'abandonne pour se réfugier en terre, s'y transformer en nymphe et demeurer dans cet état jusqu'au printemps suivant. Pour détruire ce Charançon, fort heureusement assez rare dans le Lyonnais, on procédera depuis le printemps jusqu'à la fin de juin, comme il a été indiqué plus haut, en parlant d'un drap et d'une secousse brusque imprimée à l'arbre. Comme son congénère et celui dont nous allons parler, ce Charançon contrefera le mort.

En fouillant le sol à une petite profondeur, on trouve les nymphes grosses comme un petit grain de blé, dont elles ont la forme et à peu près la couleur, un peu plus foncées cependant.

Tout insecte trouvé dans un fruit doit être écrasé. Cette recommandation semble superflue, cependant nous sommes forcé de la faire et voici pourquoi. Dans les hôtels, les restaurants et ailleurs où l'on donne du fruit au dessert, les consommateurs qui trouvent un insecte dans celui qui leur est servi, ont l'habitude de le laisser sur leur assiette avec les débris. Ces débris sont jetés dans la caisse aux balayures et de là portés au tombereau de ville qui les transporte aux champs. Il est évident qu'après le déchargement du tombereau beaucoup d'insectes ont péri, mais il est probable aussi que beaucoup ont échappé; donc il était prudent de les détruire.

Charançon des rameaux (Lisette, Coupe-bourgeon).

Le Charançon qui attaque et détruit les extrémités herbacées des jeunes rameaux est petit, tantôt d'un brun foncé, tantôt d'un brun clair, souvent aussi d'un vert tendre ponctué de gris et de brun, ce qui pourrait faire croire à plusieurs variétés ayant toutes d'ailleurs les mêmes mœurs et les mêmes habitudes. Ce petit insecte est muni d'une trompe fine, déliée et courbée. Il se nourrit de feuilles qu'il perce de mille trous et répand sur ces feuilles de très-petits excréments ronds et bruns. Il commence à s'accoupler dans les premiers jours de mai; l'accouplement a lieu sur les feuilles d'une manière assez bizarre. L'insecte choisit une feuille tendre, la perce, la roule en cornet, et s'y installe à l'abri des regards. Le mâle et la femelle restent longtemps accouplés, ils ne se séparent même pas en face du danger; aussi les fait-on souvent tomber ensemble lors de la chasse lorsqu'on applique un coup brusque contre l'arbre. Après l'accouplement la femelle gagne la partie la plus élevée des rameaux nouveaux, où elle prend une position perpendiculaire; elle enfonce sa trompe dans le rameau, mais comme elle lui trouve, sans doute, trop peu de consistance pour y assurer l'avenir de sa progéniture, elle descend à reculons en décrivant une spirale et pique et repique jusqu'à ce qu'elle ait trouvé une place solide et convenable. Arrivée à ce point, la trompe entre progressivement toute entière dans le rameau ; elle creuse à l'entrée une petite cellule, se retourne et fait glisser un œuf dans l'intérieur ; quelques heures après cette ponte longue et pénible, l'extrémité du rameau se flétrit, souvent même elle se détache complètement à l'endroit où se trouve placé l'œuf. Si l'extrémité flétrie ne tombe pas, elle se dessèche et se noircit ; la larve ronge le canal médullaire, descend vers la base du rameau et y séjourne souvent pendant l'hiver ; l'œuf éclos, les yeux qui avoisinent saretraite se gonflent et se transforment en boutons à fruit, mais périssent au printemps. C'est, à n'en pas douter, ce petit insecte qui a donné l'idée du pincement parce qu'on s'est aperçu que les boutons de la base des rameaux ainsi altérés avaient une grande tendance à devenir boutons à fruit.

On détruit cet insecte comme les précédents au moyen d'un drap ; on le détruit plus sûrement encore en retranchant les rameaux dont le sommet est sec et noir, à partir du mois de juin jusqu'au moment de la taille d'automne et d'hiver. Comme après l'hiver beaucoup d'insectes ont déjà quitté le rameau, il sera bon de couper les rameaux le plus tôt possible.

Charançon de la vigne (Rhynchite bacchus).

Il est encore un Charançon que nous ne devons pas passer sous silence ; c'est celui qu'on trouve fréquemment sur les feuilles de vigne, depuis le commencement de mai jusqu'au milieu de juin. Cet insecte est le double plus gros que le plus gros de ceux dont nous venons de parler. Il est d'un beau vert foncé et brillant. Malgré qu'il soit assez abondant certaines années, nous déclarons ne pas l'avoir observé de près : tout ce que nous pouvons dire, c'est qu'il s'accouple pendant le mois de mai, que la femelle pond ses œufs sur les feuilles de vigne et qu'elle est très-habile à les cacher. D'abord elle pique le pétiole de la feuille près de la base de la lame, bientôt cette feuille se flétrit, alors l'insecte prend un des bords latéraux, le roule sur lui-même ; après quelques plis, la femelle pond un œuf et recommence à plier ; un second œuf succède au premier, puis un troisième dans un autre pli ; enfin la ponte achevée, la feuille ressemble à un cigare. Lorsqu'on la déroule on y trouve de un à six œufs d'un vert jaunâtre, brillants et transparents.

Aussitôt que la feuille est desséchée, ouvrez-la, elle ne contient plus rien : œufs et larves ont disparu ; que sont devenues ces dernières ? Nous ne pouvons que supposer ; nous présumons donc qu'elles sont descendues pour se cacher dans le sol, et que là, elles vivent aux dépens des racines de la vigne ; qu'elles demeureront à l'état de larve jusqu'à la fin de l'automne, moment où elles se métamorphoseront en nymphes pour sortir de terre au printemps, sous forme d'insecte parfait. Les vignerons appellent cet insecte *Gribouri*. Ils l'accusent des dégâts que nous venons de citer. Ceux qui sont soigneux s'empressent d'enlever les feuilles et de donner un binage à la vigne. Par cette méthode que nous recommandons, on peut détruire une grande quantité de Charançons et préserver la vigne d'un dégât d'autant plus grave que la vigne attaquée souterrainement par les larves finit par périr.

Du Hanneton (Melolontha vulgaris) et de sa larve le *Ver blanc* (Mans. Turc).

Nous ne vous apprendrions rien de nouveau en vous entretenant du Hanneton et de sa larve le *Ver blanc*, tout aussi bien que nous vous connaissez par expérience les ravages affreux que cause cet insecte dans les jardins, dans les champs, les vergers et les pépinières. Vous ne savez que trop, hélas ! que ce petit monstre souterrain compromet et ébranle souvent par ses dévastations, des fortunes si péniblement acquises par des travaux soutenus et les économies les plus grandes.

Peut on arrêter ou atténuer le plus terrible fléau de l'agriculture ? nous le croyons ; nous allons plus loin, nous en sommes persuadé. Que faut-il faire pour obtenir ce résultat ? une chose bien simple. Que toutes les sociétés d'agriculture, d'horticulture émettent le vœu que l'administration ordonne la chasse au Hanneton comme elle ordonne l'échenillage. Souhaitons, Messieurs, que cette ordonnance soit rendue et qu'elle soit sévèrement exécutée, plus sévèrement que celle sur l'échenillage, qui l'est sur quelques points et qui est si négligée sur beaucoup d'autres.

On sait qu'au printemps on peut, sans peine, détruire en quelques heures des milliers de hannetons, en secouant les arbres de bon matin, et qu'en continuant tous les jours cette chasse pendant l'apparition de l'insecte, chaque propriétaire peut anéantir en moyenne deux cents mille vers blancs.

Comme il existe encore deux autres sortes de Hannetons beaucoup plus petits que le précédent, mais dont les larves très-abondantes causent aussi bien des dégats, il serait utile que l'ordonnance sur la chasse au Hanneton fut publiée et exécutée tous les ans, car il est bien rare que chaque année on ne voie apparaître ces deux autres destructeurs de végétaux. Cette année, l'un d'eux, le plus gros, a paru deux fois : la première vers le commencement d'avril, et la seconde vers le milieu de juin. Cet insecte, d'une couleur canelle, unicolore, est long de 12 à 15 millimètres et large de 7 à 8; l'autre est plus petit, et ses ailes sont d'un brun rougeâtre, un peu brillantes, ne recouvrant pas entièrement le corps qui est d'un vert foncé, ainsi que la tête. Ce dernier est aussi rare dans le Lyonnais que l'autre y est abondant. Tous deux ne volent que le soir et se tiennent cachés pendant le jour sous les feuilles qu'ils percent à jour comme un crible. Les femelles pondent en terre comme celle du Hanneton commun. On s'étonne souvent de trouver ces petites larves qu'on prend pour des vers blancs, et on se demande qui a pu les produire, puisque le Hanneton n'a pas paru les deux années précédentes. On saura donc qu'elles appartiennent à l'une ou à l'autre des deux espèces précitées, mais plus particulièrement à la plus grosse qu'à la plus petite, et qu'en qualité de larves de Hannetons elles méritent la mort.

Cétoine.

On remarque au moment de la floraison des arbres fruitiers et particulièrement du poirier, un petit insecte qui a aussi la forme d'un petit Hanneton, mais qui n'est peut-être pas plus Hanneton que les deux précédents. Nous ne connaissons ni sa larve ni ses mœurs; peut-être est-ce une Chrysomèle. Mais nous connaissons parfaitement ses habitudes qui, par parenthèse, sont très-mauvaises. En effet, il se jette sur les fleurs à peine écloses et en mange tous les organes dont il ne laisse pas vestige.

Cet insecte est long d'environ 10 millimètres, un peu moins large; son corps, ses ailes, ses pattes sont couverts de poils. Sa couleur est un mélange de gris, de brun, de verdâtre. Il est armé d'un bec court, mais solide. Cette année, il a été abondant, d'autres années il l'est moins. Si on ne le surveille pas, il a bientôt détruit toutes les fleurs d'un arbre; heureusement qu'il est fort peu agile et qu'il se laisse prendre avec facilité, surtout le matin de bonne heure. Nous étant apperçu qu'en les jetant à terre pour les écraser, beaucoup nous échappaient, nous avons trouvé plus prudent pour ne pas y revenir de lui arracher la tête qui se sépare du corps avec une grande facilité. Les personnes qui éprouveraient de la répugnance à une semblable exécution trouveront sans doute une autre moyen de destruction. Toutefois nous leur recommandons de ne pas secouer l'arbre, parce qu'alors elles sont assurées que l'insecte saura faire usage de ses ailes pour battre en retraite et pour revenir plus tard s'emparer des fleurs de l'arbre d'où il a été chassé.

Un poirier perd tout-à-coup une de ses branches : on se demande quelle peut être la cause d'un dépérissement si extraordinaire et quelquefois si prompt; en regardant de près on l'a bientôt trouvée, cette cause; nous pensons même qu'on aurait pu prévenir l'accident qui est produit par de petites larves qui ressemblent à de petits vers blancs sans pattes, mais qui n'ont pas trop plus de 7 à 8 millimètres de long. L'insecte parfait est peut-être un Bostriche, nous ne l'assurons pas.

Lorsqu'on aperçoit sur une branche ou sur le tronc d'un poirier de petits renflements avec écorce gercée et fendillée en zig-zag, il faut sans tarder enlever ces parties avec un outil bien tranchant, et on découvrira bientôt la galerie pratiquée par ce petit rongeur. Souvent cette galerie qui se dirige tantôt d'un côté tantôt d'un autre, s'étend fort loin, et comme elle abrite presque toujours plusieurs insectes, il faut la suivre jusqu'à l'extrémité. Si le mal est attaqué dès le début, on peut encore sauver la branche en cicatrisant les plaies au moyen de l'onguent de St-Fiacre ou du mastic à greffer. Mais si les ravages sont considérables, c'en est fait de la branche, elle périra. Nous avons cru remarquer que certaines variétés de poiriers sont plus sujettes à être attaquées par cet insecte que d'autres. Nous avons cru remarquer que les arbres déjà âgés et nouvellement plantés sont en général attaqués par cet insecte, si leur reprise est lente.

Toutes les fois qu'on visite un arbre fruitier, et il faut le visiter souvent, si on aperçoit à l'aisselle ou près de l'aisselle des rameaux et des boutons de petits trous comme ceux que pourrait faire une forte épingle et qu'on remarque un renflement d'écorce avec gerçures, il faut couper cette partie renflée. Par ce moyen, on préviendra la perte d'une partie de l'arbre. Le négligent, qui ne visite ses arbres que pour les estropier ou pour récolter les quelques fruits qu'il porte par hazard, finit par s'apercevoir du mal, mais il est trop tard pour y remédier.

Des Pucerons.

Tous les arbres fruitiers sont attaqués, ainsi que beaucoup d'autres végétaux de jardins et des champs, par des Pucerons. L'un d'eux qui nous vient, dit-on, de l'Amérique septentrionale, et qui est spécial au pommier, se tient habituellement sous les rameaux et sous les branches, toujours opposé aux rayons du soleil. Les autres se tiennent sur les jeunes pousses, c'est-à-dire à l'extrémité herbacée des rameaux et sous les feuilles. Le premier est d'un brun violacé, couvert d'un duvet cotonneux qui lui a fait donner le nom de *Puceron lanigère.* Les autres sont bruns, verts et verdâtres et non couverts de duvet comme le premier. Il existe cependant d'autres Pucerons duveteux, mais nous n'en parlerons pas, attendu que ce sont des insectes inoffensifs.

Du Puceron lanigère.

Comme tous ses congénères, le Puceron lanigère fait des petits pendant la belle saison et pond des œufs à l'approche de l'hiver pour assurer la conservation de son espèce. Au printemps ces œufs produisent des femelles qui en dix ou douze jours acquièrent tout leur développement, et qui, sans accouplement, produisent des pucerons d'un volume relatif assez considérable. Aussitôt l'expulsion du jeune Puceron, un autre se développe avec rapidité dans le ventre de sa mère qui n'a pas diminué de volume, pour en sortir au bout de quelques heures. Un autre succède à ce dernier, et ainsi de suite, de manière qu'une femelle donne naissance à une centaine de petits et meurt au bout d'une vingtaine de jours d'existence. Dix jours après leur naissance, les nouvelles femelles donnent naissance à une nouvelle génération, toujours de la même manière. En sorte que pendant le cours de six à sept mois, il y a de neuf à onze générations. Si tous ces insectes se développaient d'une manière normale pendant une année, le nombre en serait si considérable à la dernière génération, qu'il offrirait une masse de matière animale d'un volume incalculable.

A l'automne, une dernière génération donne naissance à des individus mâles et femelles organisés pour l'accouplement. Le mâle est pourvu d'ailes, les femelles n'en ont point, bien que les femelles de plusieurs autres espèces de pucerons ne soient pas aptères.

L'accouplement a lieu en septembre ; vers le mois d'octobre, la femelle pond de vingt-cinq à trente œufs blancs rassemblés en un petit tas, qu'elle place dans les fentes ou crevasses de l'écorce, et le recouvre d'uue espèce de capsule brune, lisse, luisante, allongée, striée, plus grise d'un bout que de l'autre. Après ce dernier acte de son existence, la femelle cesse bientôt de vivre; mais un grand nombre d'individus, sans doute parmi les femelles vivipares, persistent. En novembre et décembre, elles se laissent tomber à terre où elles se creusent un abri, ou bien, suivant le corps de l'arbre, elles se frayent un passage vers les racines, où elles vivent à l'abri des injures du temps.

Ce puceron perce l'écorce des racines avec sa trompe comme il perce celle du bois, lorsqu'elle est douce et fraiche; il attaque ordinairement le côté de la tige opposé au soleil, ou le dessous des branches et des rameaux; son bec fait l'office d'un véritable siphon qui conduit la sève dans son corps mou et élastique. Ces piqûres produisent des nodosités ou boursoufflures qui grossissent rapidement pendant les deux premières années, restent à peu près stationnaires pendant les deux années suivantes et finissent par se durcir, se dessécher, se gercer assez profondément; c'est dans ces crevasses que le puceron se met à l'abri des influences atmosphériques qui lui sont contraires. Ces crevasses laissent le bois à nu; celui-ci dépérit insensiblement, l'arbre devient languissant et finit par périr; cette mort est d'autant plus prompte qu'elle est causée par l'avarie des racines et des branches en même temps. Réfugié en terre, ce puceron attaque les racines d'autres espèces de végétaux; ainsi on l'a trouvé sur celles de diverses sortes de groseillers. A l'air libre, il n'attaque pas toutes les variétés de pommiers, il en est sur lesquelles on ne l'a jamais observé; toutefois, dire qu'il préfère la variété douce et sucrée à la variété acide, serait, sans doute, se tromper, puisqu'on la rencontre également sur l'une comme sur l'autre.

On a indiqué mille moyens pour détruire ce petit suceur, et le petit suceur vit toujours; nous n'en conseillons que deux :

1° L'essence de térébenthine, la terre et l'eau;

2° Le mélange d'huile de houille avec l'eau.

Application plusieurs fois répétée pendant la belle saison sur les parties attaquées. Application pendant les mois de novembre à avril sur l'arbre préalablement raclé et jusque sur le corps des grosses racines. On aura soin de cicatriser les plaies des branches avec de l'onguent de St-Fiacre, ou mieux encore avec du mastic à greffer.

Le puceron du pêcher

Le puceron du pêcher est un peu plus gros que le précédent; en sortant du ventre de la mère il est ovoïde, d'un jaune verdâtre et transparent; après quelques jours il a atteint tout son développement et prend une teinte brune, noirâtre et brillante.

Comme le précédent, il est vivipare pendant la belle saison, et ovipare en automne, temps pendant lequel la femelle s'accouple et pond des œufs qui seuls assurent la reproduction pour l'année suivante. A l'approche des froids, l'insecte périt; la ponte placée dans les crevasses des écorces résiste aux intempéries.

Si on presse bien légèrement avec une petite pince l'abdomen de l'insecte, on fait sortir de son corps quatre ou cinq petits qui se succèdent, mais toujours en diminuant de grosseur.

Les piqûres du puceron sont-elles la cause des rides et des crispations qu'éprouvent les rameaux et les feuilles du pêcher et de cette anomalie qu'on nomme la cloque? ou le Puceron est-il attiré sur les rameaux parce que ceux-ci sont dans un état maladif? Les opinions sont partagées sur cette question. Les uns prétendent que le Puceron cause la maladie; d'autres au contraire pensent que le Puceron n'attaque pas le pêcher si la sève se trouve dans un état normal. D'après plusieurs expériences nous sommes de cet avis. Ainsi, par exemple, nous avons traité quelques pêchers attaqués; après les avoir bassinés à plusieurs reprises avec de l'eau pure, le Puceron a disparu et la cloque également. Enfin cet insecte a été chassé de plusieurs arbres qui n'ont été ni bassinés ni lavés, mais simplement incisés du haut en bas. Ces incisions fort délicates d'ailleurs ont été pratiquées sur le tronc et sur les branches. Un jeune poirier qui d'abord semblait se développer cette année avec beaucoup de rapidité, est tout à coup paralysé; ses feuilles se crispent, se roulent en cornet, et se couvrent de Pucerons; les rameaux cessent de pousser; ils deviennent cassants et leur extrémité se noircit; quelques jours de souffrance et c'en est fait de l'arbre, il va périr; mais nous tenons à sa conservation : une saignée jugée nécessaire est pratiquée sur la tige et sur les branches, et l'arbre est sauvé; le Puceron l'abandonne, la teinte jaune des feuilles est remplacée par une teinte d'un vert émeraude; de nouveaux bourgeons se développent vigoureusement, et aujourd'hui cet arbre ne semble pas avoir été malade.

Ces diverses expériences démontrent que le Puceron abandonne un arbre aussitôt que la sève a repris son état normal et qu'il ne l'attaque qu'autant que cette sève est viciée.

Ainsi pour chasser le Puceron, il faut rendre la santé à l'arbre. Pour le détruire, il faut avoir recours aux substances léthifères. On rend à la sève son état par des bassinages, par des saignées ou incisions longitudinales et par des matières légèrement azotées qu'on procure à l'arbre. On détruit le Puceron soit avec l'eau dans laquelle on fait infuser des feuilles de tabac ou de noyer, soit avec l'essence de térébenthine mélangée à de la terre grasse et de l'eau. On peut le détruire également au moyen de fumigation de tabac, mais l'opération est lente, difficile et coûteuse, pratiquée à l'air libre. Ce moyen ne réussit bien que dans les serres.

Le Puceron a beaucoup d'ennemis : le plus redoutable pour lui est la larve de la coccinelle rouge. Cette petite larve, plus étroite du côté de la queue que du côté de la tête, est verdâtre; elle répand autour d'elle une liqueur abondante et gluante qui retient le Puceron prisonnier. Comme elle est très-gloutonne, elle absorbe en peu de jours une grande quantité de Pucerons, il est rare même qu'elle n'en débarrasse pas entièrement plusieurs feuilles avant sa métamorphose en nymphe.

On accuse la fourmi de faire cause commune avec le puceron pour altérer les arbres. Nous pensons que cette accusation n'est pas fondée. Dans cette circonstance, la fourmi ne suit le puceron que pour se nourrir de la matière miellée que le petit insecte secrète après l'avoir puisée dans le végétal, regorgé d'une sève qui en effet a le goût de miel.

Nous pensons qu'il est inutile de passer en revue toutes les sortes de Pucerons qui se nourrissent de la sève de nos diverses espèces de variétés de végétaux. Il suffit de dire qu'il faudra dans toutes les circonstances traiter le végétal et l'insecte de la manière indiquée plus haut.

De la Fourmi.

La Fourmi est trop bien connue pour que nous nous occupions de la décrire. Nous ne dirons donc qu'un mot sur ses mœurs et sur ses habitudes, et nous tâcherons d'indiquer les moyens de la chasser et de garantir de ses atteintes tout ce qui l'attire. Plusieurs espèces vivent dans les jardins et les champs; les unes grosses, les autres petites, noires et rouges. Les petites noires sont les plus communes et les plus dangereuses; elles font le désespoir du jardinier, du cultivateur et de la ménagère.

La Fourmi vit en communauté; elle creuse son habitation dans la terre, sous les poiriers, dans les vieux troncs d'arbre et un peu partout. Ces habitations deviennent dangereuses lorsqu'elles sont établies au pied des arbres fruitiers, des melons, dans les pots et les caisses où on cultive des fleurs, etc. Non que les Fourmis mangent les racines des plantes, mais parce qu'elles établissent des galeries et qu'elles répandent une substance corrosive et brûlante qu'on nomme acide formique. C'est cet acide, volatil et pénétrant, qui tue les végétaux, qui fatigue et indispose l'homme.

La Fourmi est omnivore, toutefois elle ne touche pas aux feuilles. Les fleurs et les fruits sucrés sont pour elle des mets recherchés; elle emmagasine les grains pour l'hiver, et les insectes servent à la nourrir une grande partie de l'année. Si elle fréquente les arbres fruitiers avant la maturité des fruits, ce n'est que pour rechercher les insectes qui se réfugient sous les feuilles et dans les crevasses de l'écorce, et pour recueillir la matière miellée dont le puceron enfle son abdomen. Nous avons cru pendant longtemps que c'était en pinçant cet abdomen avec ses deux mandibules que la Fourmi faisait sortir la liquenr, mais des observations plus sérieuses nous ont prouvé que la Fourmi se garde bien de blesser le puceron qui est pour elle une mère nourrice. Elle ne se sert donc pas de ses mandibules pour obtenir l'objet de ses convoitises, mais bien de ses antennes avec lesquels elle chatouille l'abdomen du petit puceron d'abord, ensuite d'un plus gros, et ainsi de suite jusqu'à ce qu'elle soit satisfaite.

Pour chasser et détruire la Fourmi, on a conseillé mille et mille moyens, ce qui prouve que l'insecte est très-difficile à détruire, vu que ces moyens sont peu efficaces ; celui qui produit les meilleurs résultats est l'eau bouillante répandue sur la fourmilière et dans l'intérieur de cette habitation. Lorsque cette habitation se trouve dans un vase, dans une caisse, au pied d'un arbre ou de tout autre plante, l'eau bouillante devient dangereuse et il faut dresser d'autres batteries. Alors on répand sur les vases et les caisses quelques poignées de suie et on arrose fréquemment. La fourmi n'y tient pas, elle déloge ; si en dérangeant les fourmilières placées au pied des arbres et des plantes on a soin de répandre de la suie à la place de la terre retirée, et de rapporter de la terre neuve par dessus, la Fourmi abandonne la place. Or, comme il importe beaucoup de l'empêcher de se construire une habitation nouvelle, lorsqu'on a désorganisé l'ancienne, on place sur la fourmilière un vase renversé dont on a bouché le trou du fond, si c'est un vase à fleurs. Les insectes y montent, et un instant après, en retournant le vase promptement, on les brûle ou les noie.

On empêchera aux Fourmis de monter sur les arbres avec un bourrelet d'étoffe enduite de goudron ou d'huile de houille ; en répandant de la suie au pied de l'arbre, en ayant soin de la renouveler de temps à autre. On assure que la Lavande a la propriété de chasser la Fourmi, c'est un essai qu'il est facile de tenter.

Du Tigre.

Ne sachant pas quel est le véritable nom du petit insecte qui pique et altère le dessous des feuilles de poirier ou de pommier, nous sommes forcé de le distinguer sous celui que lui donnent les jardiniers, qui l'appellent *Tigre*, parce que sans doute sa face ressemble à celle d'un chien dogue, et que ses ailes supérieures semblables à de la mosaïque sont tachées de noir sur un fond gris.

La tête de ce petit insecte est ronde, les antennes sont filiformes, les yeux noirs sont parsemés d'une grande quantité de petites facettes brillantes ; le dessus de la tête est orné d'une espèce de capuchon composé de plusieurs pièces : celle qui recouvre le sommet est cordiforme, sa pointe se termine à la base des antennes, la partie inférieure forme le mentelet et s'étend sur le dos. Une membrane circulaire et frangée se rabat horizontalement au-dessus de l'oreille ; tous ces organes sont gris, transparents et maillés par de petits filets noirs et réguliers. Les deux ailes inférieures, plus courtes et plus étroites que les supérieures, sont diaphanes; les supérieures dépassent de beaucoup la longueur du corps, elles sont grises, tachées de noir à leur extrémité avec une petite tache noire sur le côté et des mailles de même couleur sur toute leur surface. Une bordure régulière composée de petits points gris règne sur leur bord extérieur. Les six pattes sont inégales et jaunâtres; le corps ovale, un peu applati, est d'un brun noir brillant. Si on presse l'abdomen, il en sort un tube court et recourbé. Vue au microscope, la tête ou plutôt le museau inspire du dégoût.

Ce petit insecte qui vole peu loin, mais qui marche assez vite, est-il ovipare ou vivipare? Nous l'ignorons, car nous sommes heureux de ne l'avoir jamais remarqué sur aucun arbre de l'école d'horticulture. Tout ce que nous pouvons assurer c'est qu'on en trouve sous les feuilles des gros et des petits qui ne se ressemblent pas par la couleur. Comment et quand s'accouple-t-il? Que devient-il pendant l'hiver? Nous n'en savons rien. Les excréments, d'un brun noir, brillants et glutineux, sont abondants. Ils recouvrent parfois tout le dessous de la feuille lorsque l'insecte l'abandonne pour passer à une autre qu'il piquera et salira de la même manière.

On reconnait la présence du Tigre sur les arbres à la couleur brune, terne et livide que revêtent ses feuilles qui cessent en outre de conserver leur position normale. L'arbre ainsi attaqué dans ses poumons est triste et languissant, jusqu'à ce qu'une main intelligente vienne le débarrasser du fléau qui le tue.

Le jardinier doit employer pour détruire cet insecte la décoction de feuilles de tabac. Cette décoction appliquée deux ou trois fois débarrasse l'arbre altéré. C'est le moyen qui a le mieux réussi jusqu'à présent. A défaut de tabac, une décoction de feuilles de noyer peut produire le même effet, car l'âcreté de cette feuille le cède peu à celle du tabac. On essayera également l'essence de térébenthine mélangée avec de la terre et de l'eau, ainsi que l'eau provenant du lavage du gaz et le sulfure de calcium.

Nous connaissons des poiriers qui ont été traités à la décoction de tabac. Ces arbres qui étaient si languissants il y a quelques semaines, sont aujourd'hui d'un aspect satisfaisant; un poirier de Virgouleuse surtout, le plus altéré peut-être, est magnifique de couleurs et de fruits. Ces arbres ont été traités par notre collègue, M. Benoît aîné, qui a apporté dans l'opération tout le zèle et la persévérance possibles; aussi en est-il bien récompensé.

Cochenille. *(Coccus, Moule, Kermès, Gale-insecte, Apsidiote).*

De très-petits insectes, presqu'invisibles à l'œil nu, se fixent sur les tiges, les branches, les feuilles et les fruits végétaux, dont ils sucent la sève à l'aide de leur trompe. Ces petits êtres portent des noms bien différents : tantôt on les désigne sous celui de *Cochenille*, de *Coccus*, de *Moule*, de *Kermès*, de *Gale-insecte* et d'*Apsidiote*. Nous choisissons le plus vulgaire et le plus connu des jardiniers, nous l'appellerons *Cochenille*.

La Cochenille qui attaque les arbres fruitiers est d'un rouge obscur; elle a six pattes et des antennes. Les jeunes Cochenilles sont très-agiles, elles courent avec une promptitude prodigieuse, mais après l'accouplement, mâle et femelle passent le reste de leur vie dans une complète immobilité, sous des abris construits d'une manière toute particulière. La peau du dos de l'insecte se distend, se dessèche et la Cochenille est ensevelie sous sa dépouille, qui adhère à l'écorce par tous ses bords; c'est sous cette espèce de carapace que l'insecte vit et que la femelle pond ses œufs.

Au premier aspect, on prendrait ces plaques pour quelques mollusque inertes, ou des fragments de lichen desséché, plutôt que pour un véritable insecte; vues à la loupe, ces plaques membraneuses ressemblent à des coquilles d'huitre et de moule, dont la couleur, la forme et la substance se confondent tellement avec l'écorce des arbres, qu'il faut un œil bien exercé pour y reconnaître un produit animal ou l'habitation d'un être vivant. Citons cependant quelques exceptions à cette habitude et disons que les coquilles qui recouvrent les Cochenilles, de la vigne par exemple, sont rougeâtres, grosses, bombées, ovales, très-visibles et très-distinctes, quoi qu'elles soient bien moins abondantes que celles des autres arbres fruitiers. Nous pourrions citer encore celles des Nerium (Laurelle), des Orangers, des Mimoses, des Kennedya et d'une multitude d'autres plantes de serres et d'orangerie qui recouvrent parfois la face inférieure de toutes les feuilles de ces plantes et les font paraître couvertes de gale.

Les œufs de la Cochenille des arbres fruitiers sont blancs, infiniment petits, agglomérés et réunis par une matière gluante sous la coquille qu'abrite la femelle; ils éclosent au printemps. On croit que le mâle périt après l'accouplement et que la femelle survit jusqu'à l'éclosion de ses œufs.

Nous ne nous étendrons pas sur tous les détails que donnent les entomologistes à propos de ces petits parasites, parce que ces détails nous semblent trop contradictoires; nous dirons seulement qu'ils se nourrissent exclusivement de la sève de l'arbre qui fournit aussi les sécrétions qui forment leur carapace. On conçoit que lorsqu'ils s'attachent en grand nombre à l'écorce de quelques branches, ils en épuisent si complètement la sève avec leur trompe, qu'elles finissent par flétrir et mourir.

On trouve parfois des écailles adhérentes à la peau du fruit. Lorsqu'elles sont nombreuses, on remarque que le développement du fruit est arrêté d'une manière sensible.

Trois poiriers de Doyenné d'hiver, greffés sur franc, et plantés obliquement sous une croisée, étaient attaqués par la Cochenille; on les voyait dépérir à vue d'œil, tandis que leurs voisins de droite et de gauche poussaient vigoureusement. D'abord, nous accusions les chats d'être la cause de ce dépérissement; en effet, comme ces arbres leur servaient d'échelle pour arriver à la croisée et que leur griffes acérées pénétraient dans l'écorce et la blessait, nous pensions que ces blessures souvent répétées pouvaient bien être la cause de l'altération ; nous prîmes des précautions pour empêcher ces ascensions, mais le mal ne s'est pas arrêté : au contraire, il a augmenté d'une manière si sensible que beaucoup de rameaux sont morts.

L'année dernière, ayant examiné ces arbres avec beaucoup d'attention, nous n'avons pas tardé à reconnaître une autre cause, peut-être secondaire, du dépérissement. Cette seconde cause, nous l'avons trouvée dans la *Cochenille* que nous avions prise d'abord pour une fine écorce qui se détachait de l'arbre. Mais comme en râclant l'écorce, ces minces membranes demeuraient collées à notre outil et qu'à leur place apparaissait une matière grise mélangée à une substance rougeâtre et humide, nous eûmes bientôt la certitude que nous avions à faire à un insecte parasite, et nous nous mîmes en mesure de le détruire immédiatement. C'est alors que nous employâmes l'essence de térébenthine mélangée avec de la terre grasse et de l'eau. L'expérience a été très-satisfaisante : les trois arbres débarrassés ont repris leur vigueur, et nous espérons qu'une seconde application, pratiquée après la chute des feuilles, les débarrassera plus complétement encore et leur rendra leur santé première.

Nous recommandons ce procédé pour les plantes de serres et d'orangeries qui sont atteintes par les Cochenilles. Deux ou trois applications les rendront saines et bien portantes. On peut accélérer l'opération et obtenir de très-bons résultats en composant un bain copieux dans lequel on émerge la tête des plantes.

De l'Altise (Tiquet. Puce de terre).

L'Altise est un petit insecte d'un vert noirâtre ou bleuâtre. Son corps, ovale allongé, est long de quatre à cinq millimètres au plus. Ses ailes sont très-finement parsemées de petites ponctuations grises, peu sensibles. Les Altises vivent généralement en société sur les plantes potagères de la famille des crucifères. Dans certaines années ils sont si nombreux qu'on les trouve réunis par centaines sur les feuilles des choux, des raves, des navets, des radis, des cressons, etc., qu'ils perforent de leurs trompes et qu'ils détruisent. Souvent ils anéantissent la récolte de ces sortes de plantes ou la retardent considérablement.

Pendant l'accouplement qui a lieu vers la fin de juin, on peut de bon matin les approcher et les écraser. Mais cette chasse d'ailleurs peu fructueuse devient impossible avant ou après l'accouplement, et particulièrement pendant le jour, car dès qu'on veut les approcher ils sautent comme des puces, se dispersent et disparaissent comme par enchantement.

On croit, et cela est très probable, que, à l'instar du charançon particulier à quelques plantes de la famille des papilionacées, la femelle de l'Altise dépose ses œufs particulièrement dans les fruits et dans les graines; c'est sans doute pour cette raison que des auteurs recommandent de faire tremper les grains dans de la saumure avant de les confier au sol. Suivant eux, cette saumure tue la larve renfermée dans la graine, ce qui permet à la jeune plante de grandir sans altération.

On détruit l'Altise et on le chasse avec des cendres sèches, de la chaux vive réduite en poussière, de la suie de cheminée, des décoctions de feuilles de tabac, de noyer ou de sureau yeble (faux sureau). L'eau de lessive et une décoction chargée de suie font disparaître l'insecte.

On emploie avec avantage l'eau Tatin qui se compose de la manière suivante :

Savon noir.	1250	grammes.
Fleur de soufre.	1250	gram.
Champignons des bois .	1000	gram.

On met dans un tonneau 30 litres d'eau dans laquelle on délaie le savon noir et on y jette les champignons après les avoir légèrement écrasés ; on enveloppe le soufre dans un petit sac de toile claire, que l'on place au fond d'un chaudron, dans lequel on verse aussi 30 litres d'eau. On fait bouillir pendant vingt minutes, avec la précaution de remuer constamment, et d'appuyer de temps en temps un bâton sur le sac de soufre, afin d'en imprégner l'eau.

Lorsqu'on voit qu'elle a pris couleur, on jette cette eau dans celle qui est déjà dans le tonneau, et on laisse fermenter le tout jusqu'à ce que la composition ait pris une odeur fétide ; ce n'est qu'alors qu'on peut s'en servir avec tous ses avantages, et plus elle est vieille, meilleure elle est. Comme cette composition n'est pas très-coûteuse, on peut en bassiner tous les jeunes semis, et par ce moyen éloigner non-seulement les altises, mais encore tous les insectes malfaisants.

Si on s'apperçoit que la composition altère les plantes, on l'étend, en y ajoutant de l'eau ; il est donc prudent de l'essayer avant d'en faire une application sur une grande échelle.

Des bassinages souvent réitérés sur un semis font *disparaître* ce petit insecte.

Des Perce-oreilles ou forficules.

Deux espèces de Perce-oreilles, l'une grande, l'autre petite, portent un grand préjudice aux fruits et aux fleurs de nos jardins. Ces insectes étroits, allongés, noirs, se servent rarement de leurs ailes qui d'ailleurs sont très-courtes ; leur corps est terminé par deux pièces écailleuses, mobiles qui servent de pince à l'insecte.

Les Perce-oreilles vivent en société, on les trouve réunis en nombreuse compagnie dans les lieux frais, sous les pierres et sous les écorces d'arbres. Ils sont très-voraces et très-gourmands de fruits mûrs et tout particulièrement de raisins. Ils affectionnent aussi beaucoup l'œillet et le dahlia dont ils détruisent souvent les corolles en une nuit, car c'est pendant la nuit que ces petits maraudeurs commettent leurs dégats.

Nous passons sous silence leur mode de multiplication et de transformation, parce que nous sommes complètement ignorants sur ces points. Nous terminons donc cet article en recommandant aux amateurs de fruits et de fleurs de placer sur les arbres et près des plantes de petits cornets de papier, des onglons de mouton, de veau ou de porc ou tout autre objet à intérieur sombre ; à la pointe du jour les insectes s'y réfugient, il est facile alors de les trouver et de les écraser. On les détruira également en les cherchant sous les pierres, les vieilles écorces, et autres lieux obscurs. Ils craignent beaucoup l'eau de lessive et l'eau de savon.

De la Courtilière. (Courterolle, taupe-grillon).

La Courtilière fait le désespoir des jardiniers et des agriculteurs, elle dévaste et détruit les semis, les plantations de plantes potagères, florales, champêtres et forestières, c'est-à-dire que la Courtilière est un fléau qui ne respecte rien.

L'insecte qui a acquis tout son développement a de 5 à 6 centimètres de long, le dessus de son corps est d'un brun bronzé, le dessous est d'un jaune roussâtre. Ses ailes sont très-courtes et il en fait peu usage ; ses deux pattes de devant sont terminées par des espèces de mains plates armées de dents qui lui servent de scie pour couper les plantes et de pelle pour ouvrir ses galeries souterraines.

L'accouplement a lieu de la fin de mai à la fin de juin ; le mâle se met à la recherche d'une femelle à la tombée de la nuit et l'appelle à petits cris. La femelle fécondée se creuse en terre, à une profondeur de 15 à 20 centimètres, une cavité arrondie, lisse à l'intérieur et ouverte de côté, où elle dépose de 150 à 200 œufs ronds, blanchâtres, de la grosseur d'une graine de chanvre. Ces œufs éclosent dix à douze jours après la ponte et donnent naissance à de petites larves blanchâtres qui, après avoir passé quelque temps en société, se dispersent et revêtent leur forme et leurs couleurs parfaites. A l'approche de l'hiver la Courtillère descend assez profondément dans la terre où on la trouve souvent à un mètre de profondeur. Pendant l'hiver elle reste engourdie, mais au premier printemps elle quitte son état de sommeil et remonte à la surface du sol, recherche particulièrement les terres nouvellement fumées, labourées, ensemencées ou complantées ; c'est là qu'elle coupe et renverse tout ce qui se trouve sur son passage. Quelques auteurs pensent que la Courtilière est insectivore, qu'elle ne coupe les plantes que pour se frayer un chemin , mais l'expérience nous a démontré qu'elle ne se nourrit pas exclusivement d'insectes et qu'elle sait très-bien manger les fruits tombés. Elle se nourrit également de pommes de terre, de diverses autres plantes et ne dédaigne même pas les aconits et les dauphinelles vivaces, qui sont des plantes vénéneuses.

Comme on le voit, la Courtilière est un des plus grands fléaux des cultures ; on ne saurait donc trop rechercher tous les moyens de la détruire ; malheureusement tous ceux qu'on a trouvés jusqu'à ce jour sont pénibles, difficiles ou coûteux. Certainement la destruction des nids serait le moyen le plus radical, si l'opération était toujours facile à mettre en pratique ; mais il arrive le plus souvent que ses nids se trouvent placés dans une terre ensemencée ou complantée, et que le jardinier inexpérimenté ne sait pas deviner juste la place qu'ils occupent. On reconnait cette place de la manière suivante :

Lorsque la surface d'une planche du jardin est labourée dans tous les sens et qu'on remarque au milieu de ces nombreuses galeries une place intacte, on peut être assuré que le nid se trouve là, à 15 ou 20 centimètres de profondeur. Si la terre est forte et qu'on craigne de commettre trop de dégat en y plongeant la bêche, on suivra les galeries avec le doigt jusqu'à ce qu'on ait découvert celles qui descendent perpendiculairement dans le sol. Alors on élargit un peu l'ouverture de ces galeries et on y introduit de l'eau de savon à laquelle on a ajouté quelques grammes d'essence de térébenthine. Bientôt la Courtilière arrive à la surface où elle périt. Si les œufs sont éclos, les petits éprouvent le même sort de leur mère; s'ils ne le sont pas, on bouche les galeries avec une feuille et on revient ensuite répéter l'opération. Si la terre est meuble et friable, on ne peut opérer de la même manière; alors il faut avoir recours à la bêche ou à un arrosage copieux d'eau de savon. On rend l'opération facile sur les terres fortes, en plongeant un râcle large et tranchant, avec lequel on enlève la couche supérieure du sol et on met toutes les galeries à découvert. Nous recommandons l'eau de savon mêlée à l'essence de térébenthine de préférence à l'huile, parceque le procédé remplit le même but, qu'il accélère la besogne et qu'il est moins coûteux. Si après les récoltes on veut atteindre la Courtilière qui s'est enfoncée dans la terre, on fera chauffer cette composition. C'est avec elle et notre râcle que nous avons détruit des Courtilières dans le mois de décembre. Rappeler ici les mille recettes qui ont été publiées pour la destruction de la Courtilière serait, selon nous, rappeler l'inefficacité de la plus part d'entre elles. Nous nous contenterons donc d'en indiquer une à ajouter à l'eau de savon et de dire au jardinier, avec M. Ferris qui a étudié cet insecte d'une manière toute particulière que le précepte *aide-toi, Dieu t'aidera* est fort sage, mais qu'il faut souvent le mettre en pratique; ce qui en d'autres termes veut dire : Jardinier, si tu veux que le ciel t'aide, ne reste pas les bras croisés en présence du fléau qui te ruine ! cherche, invente et tu trouveras des moyens de combattre et d'assurer tes récoltes !

La seconde recette pour détruire la Courtillière consiste à

prendre des pots à fleurs dont on bouche le trou du fond avec un linge ; ou, mieux encore, des pots à lait de 25 centimètres de hauteur et de 12 à 15 de diamètre. Ces vases, vernis à l'intérieur, étroits à leur base, renflés dans leur milieu et resserrés à leur collet, renferment toutes les conditions requises pour empêcher à l'insecte qui s'y est précipité d'en pouvoir sortir. On enfonce ces vases dans les sentiers ou aux angles des carrés en ayant soin que leurs bords soient un peu en contre bas du sol, et on les remplit d'eau à moitié. Les rats, les mulots et les souris s'y noyent en compagnie de la Courtilière. Si on veut garantir les carrés nouvellement ensemencés ou complantés, on place autour d'eux de petites planches minces sur champ, on les assujettit pour qu'elles ne se dérangent pas, ce qui est facile en les enfonçant de 4 à 6 centimètres dans le sol et en leur laissant une saillie hors de terre d'environ 5 à 6 centimètres. On laissera à chaque angle des carrés un espace ouvert, et c'est à ces angles qu'on placera un pot. La courtillère qui voyage la nuit trouvant dans les planches dressées un obstacle qui l'empêche de pénétrer sur le carré suivra les planches et tombera dans le vase lorsqu'elle arrivera à l'ouverture. On peut multiplier ces ouvertures et en établir sur les bords du milieu des carrés. Cela dépend de leur longueur, ainsi que de celle des planches.

Moyens généraux à mettre en pratique pour diminuer le nombre des insectes nuisibles à l'agriculture.

Personne ne mettra en doute qu'un mal qui est général réclame aussi pour être guéri des moyens généraux. De là découle la nécessité d'un concours général, constant et simultané, non-seulement d'une commune où les ravages se font sentir, mais aussi de tous les pays qui souffrent du même mal; autrement, on ne ferait que tourner dans un cercle sans jamais toucher au but. En effet, l'ennemi qu'on poursuit trouverait toujours un refuge d'où il se répandrait de nouveau sur les contrées dont il avait été chassé et rendraient tous les efforts vains et inutiles, tandis que par un concours général, constant et simultané, on aura la certitude que l'ennemi attaqué n'aura ni le temps, ni la facilité de combler les vides, ni d'opposer une résistance prolongée.

Les moyens généraux sont de deux sortes : les uns sont *naturels*, les autres *artificiels*. Leur concours réciproque est absolument nécessaire pour produire un effet complet et salutaire. Déjà nous avons indiqué une bonne partie des moyens artificiels, toutefois nous reviendrons sur l'importance de l'un d'eux, après avoir signalé les moyens naturels.

PREMIER MOYEN.

Enrichir l'instruction des enfants campagnards en leur apprenant sommairement les principes élémentaires de la science agricole et des sciences naturelles qui s'y rattachent.

Nous ne prétendons pas qu'il faille enseigner dans une école primaire de village autre chose que l'élément essentiel des sciences naturelles; aller au delà serait donner dans un autre extrême presque aussi fâcheux que l'ignorance complète de ces sciences; en effet, à quoi servirait aux enfants des campagnes cet étalage scientifique de noms savants, de systèmes ingénieux et de combinaisons subtiles? Le dégoût le plus complet suivrait de près un enseignement dont l'utilité serait entièrement perdue.

Nous désirons donc une chose plus simple et plus large, et nous faisons des vœux pour que notre gouvernement intervienne, et qu'à l'enseignement ordinaire donné dans les écoles primaires villageoises, vienne se joindre un autre enseignement simple, clair et précis, ayant trait aux objets que l'enfant des campagnes a continuellement sous les yeux, mais qu'il ne peut apprécier, parce qu'il lui manque les connaissances nécessaires pour diriger son jugement et son intelligence.

Lorsqu'un maître d'école de campagne aura initié ses élèves aux notions élémentaires de l'art agricole, il les aura pour ainsi dire attachés à la famille et par conséquent à l'industrie des champs. Si à cet enseignement si utile et si puissant pour retenir les jeunes villageois à la campagne, le maître joint encore les éléments essentiels des sciences naturelles, l'élève entrera bientôt dans la voie du progrès. S'il a appris à connaître et à distinguer la plante utile de la plante dangereuse ou mauvaise, il multipliera l'une et détruira l'autre. Si on lui démontre que tel animal ou tel insecte qu'on lui aura fait connaître sont utiles aux intérêts de l'agriculture, parce que l'un et l'autre se nourrissent spécialement d'autres animaux et d'autres insectes nuisibles à ces intérêts, se il gardera bien de détruire ces auxiliaires de sa prospérité et de sa fortune, car il aura compris, cet enfant, qu'en détruisant les bons, c'est accroître le nombre des mauvais, et qu'ensuite c'est rompre l'équilibre que Dieu a établi en créant tous les êtres.

Que le maître rappelle à ses élèves la fable du bon Lafontaine; qu'il leur fasse comprendre comment un trésor est caché dans le champ de leurs pères, qu'il les engage à chercher ce trésor, et qu'il leur dise comment ils pourront le trouver. Jamais leçon de physique ou de chimie n'aura été si utile.

Nous ne nous étendrons pas davantage sur ce premier moyen d'ailleurs si bien compris et si bien apprécié. Nous passons au second.

DEUXIÈME MOYEN.

Conservation des oiseaux, de leurs nids, des insectes, des reptiles et des animaux utiles à l'agriculture.

Bien que ce deuxième moyen se trouve résumé par ce que nous venons de dire, nous lui consacrerons néanmoins quelques lignes, ne fût-ce que pour rappeler aux parents des élèves un devoir qu'ils ont à remplir vis-à-vis de leurs enfants.

L'usage barbare et insensé de détruire les oiseaux et leurs nids est généralement répandu parmi les habitants des campagnes. Dieu nous garde de les accuser de méchanceté. Non, telle n'est pas notre pensée Nous croyons seulement qu'en cette circonstance ils agissent sans réflexion, sans savoir pourquoi, par habitude prise en un mot.

C'est donc presque instinctivement, machinalement, que les enfants des villages, et trop souvent même ceux des villes, parcourent la campagne dès les premiers jours de printemps, en fouillant les haies, les buissons, les arbres et en général tous les lieux où les oiseaux ont coutume de nicher, pour découvrir les nids et les détruire. Cette destruction est un crime que la raison condamne, et cependant la jeunesse ignorante se le permet comme un plaisir et une récréation parce que, hélas! les parents et les instituteurs aussi ignorants qu'elle sur les conséquences de ce crime le laissent commettre et se convertir en usage.

Le cultivateur qui permet à ses enfants d'aller dénicher les oiseaux et de les prendre aux piéges, se rend complice d'une mauvaise action et devient, sans s'en douter, une des principales causes de la ruine de l'agriculture de son pays, et par conséquent de sa propre misère. Si, au contraire, il veut agir en bon citoyen et en bon père de famille, il s'efforcera de faire pénétrer dans le cœur de ses jeunes enfants l'amour de tous ces petits êtres que la Providence a placés autour d'eux comme des bienfaiteurs, et il recueillera ainsi chaque année la récompense certaine de sa sagesse et de sa vigilance.

De son côté, le maître d'école qui remplace momentanément le père de famille, intéressera et instruira ses élèves en leur citant les noms et en faisant l'histoire des oiseaux qui consomment une multitude prodigieuse d'insectes, surtout à l'époque où ils nourrissent leurs petits. Il leur dira qu'en hiver, leurs nombreuses volées, pressées par la faim, se rapprochent des habitations ; qu'elles visitent soigneusement les branches des arbres de nos vergers pour y chercher les œufs qui y ont été déposés par plusieurs espèces de papillons, et trouvent ainsi une nourriture moins précaire pendant la saison rigoureuse.

Lorsque l'enfant du village aura reçu des renseignements simples, mais concis, sur les mœurs et les habitudes des oiseaux et sur tous les êtres qui composent la faune de son pays, il est à présumer qu'il respectera ce qu'il avait l'habitude de détruire, et qu'alors les nids conservés, les oiseaux, deviendront plus nombreux, et, par contre, les insectes le seront beaucoup moins qu'ils le sont aujourd'hui.

Dans le but d'être utile et d'intéresser nos jeunes villageois, citons les noms des oiseaux qui se nourrissent presque exclusivement d'insectes, de leurs larves et de leurs nymphes ; nous citerons ensuite les noms des insectes, des reptiles et des animaux utiles à l'agriculture.

Chacun sait que la plupart des oiseaux que nous remarquons pendant la belle saison nous quittent, aux approches de l'hiver, pour se réfugier dans des contrées plus chaudes et plus appropriées à leurs besoins ; ces oiseaux se nomment passagers. Ceux qui n'émigrent pas, se nomment sédentaires. Parlons d'abord de ceux-là, et disons que ceux qui détruisent le plus d'insectes sont :

Le *Pic vert*, qui occupe à juste titre la première place parmi les insectivores. On le reconnaît à sa couleur verte foncée, entremêlée de taches rouges sur la tête, à son vol ondulant et à la grande facilité avec laquelle il court en haut des troncs et des branches d'arbres.

Le *Grimpereau* est un peu plus petit que le Pic vert. Il a le dos taché de gris, de rouge et de jaune, et le ventre blanc. Il fréquente particulièrement les arbres des vergers et se nourrit spécialement des insectes et de leurs larves cachées sous l'écorce ou dans les crevasses.

La *Sitelle*, vulgairement connue sous les noms de *Planot* et de *Torchepot*, est un peu plus grosse qu'un moineau. Son dos est d'un gris cendré, sa tête est marquée d'une petite bande noire qui s'étend d'un œil à l'autre, le ventre est roux, la queue noire, avec l'extrémité blanche. Cet oiseau est un insectivore de premier ordre.

Les *Mésanges* sont de petits oiseaux très-alertes et très-vifs. On en compte plusieurs espèces, dont deux sont très-communes dans les vergers. La grosse *Mésange*, vulgairement nommée *Lardenne*, est un peu plus petite que le moineau. Le blanc, le noir, le jaune, le vert et le gris de lin sont proprement nuancés dans son plumage. Son bec noir est fin, fort et bien tranchant ; la gorge et le devant du cou sont d'un noir brillant. La tête est de même couleur, sauf le dessous des yeux du côté des tempes où règne une large raie blanche.

La *Mésange à longue queue* (meunière), est un oiseau de la grosseur du roitelet ; mais les plumes, dont le corps est recouvert, sont en si grande quantité qu'elles le font paraître beaucoup plus gros qu'il ne l'est en réalité. Le sommet de la tête est blanc, avec le front et les tempes noirs. La teinte du plumage est un bigarré de blanc, de gris, de brun, de rouge, de noir et de châtain.

La *Mésange bleue* est grosse comme la fauvette. Le dessus de sa tête est orné de plumes longues d'une couleur bleue, azurée et brillante, que l'oiseau hérisse, abaisse et relève à volonté. Sa queue est de la même couleur, le reste du corps est teinté de vert-blanchâtre, de bleu ou de violet obscur.

La *Mésange à tête noire*, petite Lardenne, petite Charbonnière. Elle tient le milieu par son volume entre la grosse mésange et la bleue ; le dessus de sa tête et le cou sont noirs, cette couleur s'étend jusqu'aux épaules et revient un peu en devant ; la gorge et la poitrine sont d'un blanc clair, et toute la partie postérieure est d'un bleu noir, moucheté sur les côtés de quelques taches d'un blanc obscur.

Toutes ces mésanges ont les mêmes mœurs et les mêmes habitudes, toutes font une consommation considérable d'insectes.

Le Pinson. Cet oiseau émigre parfois partiellement, parfois d'une manière générale, mais le plus souvent il passe l'hiver dans nos contrées ; il est tellement connu que nous nous dispensons de le décrire. Pendant la nichée il fait une grande consommation de chenilles; on a calculé que le père et la mère avec les petits en absorbent environ deux cents par jour.

Le Moineau est un oiseau connu de tout le monde, c'est le

plus vorace, le plus maraudeur et le plus effronté de l'espèce; le blé, le seigle, l'orge, les pois, les cerises, les raisins, tout lui est bon, rien ne lui échappe; ses larcins et ses rapines le font détester, et cependant il est utile comme le plus grand destructeur du hanneton au moment de l'apparition de cet insecte; il laisse tout pour ne s'attaquer qu'à lui. C'est d'après les services qu'il rend dans cette circonstance qu'on doit le ménager, mais il faut avouer que s'il rend des services il les fait largement payer.

Le Merle est un oiseau assez gros, facile à reconnaître à son plumage noir et à son bec jaune. La femelle est fort différente, tout le plumage supérieur est brun et son bec noirâtre; pendant les nichées le mâle, la femelle et les petits consomment par jours plus de trois cents chenilles. Cette consommation démontre la nécessité de la conservation des consommateurs.

La Grive. Deux sortes de grives passent l'hiver dans notre pays, ou n'émigrent que pendant un temps assez court. L'un de ces oiseaux, la petite grive Duguy est à peu près de la grosseur du merle, l'autre, la grosse grive (Siselle-Draine) est plus grosse : toutes deux se reconnaissent à leur plumage brun et à leur poitrine grise, semée de taches noires. Pendant les nichées ces deux grives nourrissent leurs petits de vers, de chenilles et de divers insectes; dès la fin de février, le mâle de la petite grive fait entendre un chant fort agréable, ce chant modulé par intervalles dure quelques fois une heure entière.

Le *Serin vert* (Cini) est un petit oiseau moins gros que la fauvette, qui vit en famille très nombreuse pendant l'hiver, dans le Lyonnais et les départements voisins. Il a le bec court et gros, son plumage est un nuancé de jaune, de brun et de verdâtre. Son chant est court, saccadé et peu mélodieux; pendant les nichées il fait une prodigieuse consommation d'insectes et de chenilles qu'il va chercher sur les arbres, dans les vignes et dans les jardins.

Le *Corbeau*, le *Geai* et la *Pie* sont des oiseaux si bien connus que nous nous dispenserons de les décrire même sommairement.

Nous dirons qu'il est bien regrettable que les enfants de la campagne fassent une guère si acharnée à leurs couvées, puisque les uns et les autres détruisent pendant l'été et même pendant l'hiver une très-grande quantité de larves et de chrysalides qu'ils trouvent dans les bois et sur les terres fra'chement labourées.

Les *Hiboux*, les *Chouettes* et les *Chats-Huants* regardés injustement comme oiseaux de mauvais augure par les gens de la campagne qui les tuent pour les étaler aux portes de leurs granges, sont des oiseaux très-utiles; ils ne se nourrissent que de rats, de souris, de mulots et d'autres rongeurs dangereux.

Oiseaux de passage.

Afin d'abréger ce travail, qu'on trouvera certainement trop long, nous nous bornons à citer les noms des oiseaux de passage les plus utiles à l'agriculture : le *Chardonneret*, le *Coucou*, l'*Etourneau*; ces deux oiseaux sont des insectivores de premier ordre ; la *Fauvette*, le *Guêpier*, l'*Hirondelle*, la *Huppe* le *Linot*, le *Loriot*, le *Bruant*, la *Queue-Rousse*, le *Rouge-Gorge*, le *Rossignol* et le *Verdier*. Ce dernier oiseau attaque et déchire les bourses des chenilles lorsqu'il est pressé par la faim.

Insectes utiles.

Parmi les insectes utiles citons le *Scarabée des jardins*, vulgairement connu sous le nom de *Sergent* (Carabe doré), le *Sycophante*, les *Brachélitres* et le *Scolopendre*, qui tous poursuivent partout où ils les rencontrent, chenilles, chrysalides et papillons. Le *Clairon des fourmilières* se nourrit de *Rostriches*. Les *Ichneumons* sont des espèces de mouches plus ou moins longues et fluettes qui percent les chenilles de leurs dards et déposent ensuite leurs œufs sur elles. Ces chenilles continuent à vivre quelque temps, elles arrivent même parfois à se transformer en crysalide ; mais, au lieu d'un papillon qui devait sortir de la coque, il en sort un Ichneumon. La petite et la grande *Tachine* sont aussi des espèces de mouches courtes, assez grosses, qu'on reconnait à leurs poils forts et raides ; elles déposent leurs œufs dans les crysalides de quelques papillons de nuit et ces crysalides servent de nourriture à leurs larves.

Reptiles utiles.

Les *Couleuvres* des haies, l'*Orvet* ou *Borgne*, les *Lézards* et les *Crapauds* se nourrissent spécialement d'insectes et de eptits animaux nuisibles.

Animaux utiles.

Le *Blaireau* est un habile preneur de rats, mais il a été tellement pourchassé qu'il est devenu fort rare. Les *Chauves Souris* détruisent une très-grande quantité d'insectes nocturnes des plus nuisibles. Le *Hérisson* se met en campagne contre les rats, les mulots, les souris, les insectes et les vers. Les *Poules* détruisent les Hannetons, les vers, les limaces, les courtilières et les vers blancs. Le *Renard* mange bien quelques poules lorsque l'occasion se présente, mais il mange encore plus de rats, de mulots et d'autres rongeurs nuisibles. La *Taupe* cause, il est vrai, quelques dommages aux plantes, en creusant ses galeries souterraines à côté de leurs racines ; mais elle compense largement le mal par le bien qu'elle fait en consommant toutes sortes d'insectes et de petits animaux. Les campagnards commettent donc une bien grande faute en lui faisant une guerre si acharnée,

TROISIÈME MOYEN.

Modifications à apporter à la loi sur la chasse.

La chasse telle qu'elle est exercée aujourd'hui porte un préjudice considérable aux intérêts de l'agriculture. On peut même ajouter qu'elle est devenue un vrai fléau ; d'un côté elle contribue à augmenter le nombre des insectes nuisibles ; de l'autre, elle accroit le dommage que causent ces insectes et en commet toujours de plus graves et de plus préjudiciables. Le braconnier ne respecte rien, il brise et escalade les clôtures, foule aux pieds les récoltes, tue impitoyablement et pourchasse les animaux qui y sont habituellement nourris, et dont personne n'a le droit de disposer que le propriétaire du sol. Le chasseur muni du port d'arme et suivi d'une meute de chiens commet des dégats encore bien plus considérables : les récoltes, les terres fraîchement labourées et ensemencées, sont brisées, saccagées, piétinées et foulées, les bois, les champs, les marais sont dépeuplés de leurs hôtes; en sorte que les amateurs de la chasse, dont le nombre augmente en proportion inverse de celui du gibier, ne trouvant pas de quoi satisfaire leur passion, et désirant néanmoins faire usage de l'arme dont ils payent le port, s'en prennent aux petits oiseaux qui, à leur tour, disparaissent ou sont chassés de contrée en contrée.

Cet état de chose ne constitue-t-il pas une calamité, un fléau, comme nous le disons plus haut? Le gouvernement, dans sa sagesse, ne pourrait-il pas prendre des mesures qui sauvegarderaient les intérêts de l'agriculture? Ne pourrait-il pas faire que la chasse cessât d'être une industrie hostile aux propriétaires? Ne pourrait-il, en un mot, tout en limitant la durée de la chasse suivant les besoins du pays, renfermer son exercice dans les bornes des forêts de l'Etat et des lieux incultes d'une contrée? Nous en formons le vœu en faveur de la prospérité de l'agriculture et de celle du peuple en général.

QUATRIÈME MOYEN.

Puisqu'on impose les chiens et les chevaux, pourquoi n'imposerait-on pas les oiseaux élevés dans les appartements, particulièrement ceux qui sont sédentaires et de passage?

Application de peines sévères contre les destructeurs de nids et ceux qui les autorisent dans cette industrie.

Contrôle incessant des gardes champêtres, des gardes forestiers, des gendarmes et des commissaires de police ruraux sur l'exercice de la chasse et l'exécution des ordonnances sur l'échenillage.

Prohibition de toute autre chasse que celle du fusil, pour quelque gibier que ce soit. Nous ne comprenons pas la prohibition des engins et des filets dans un département et leur autorisatiou dans un autre; cependant cette différence existe encore aujourd'hui.

Invitation aux sociétés d'agriculture, d'horticulture et aux comices agricoles d'adresser à l'administration supérieure, de trimestre en trimestre ou de mois en mois, des rapports motivés sur l'état des cultures et des récoltes. Le dévouement de ces sociétés ne reculera pas devant une mission dont la nature et le but coïncident entièrement avec les vues généreuses qui président à leurs travaux.

Les moyens que nous indiquons sont simples et d'une application facile. Faisons des vœux pour qu'ils soient appréciés et affranchissent l'agriculture du fléau des insectes nuisibles, et qu'ils ramènent bientôt dans la campagne une garantie de prospérité et de bonheur !

C.-F. Willermoz.

Lyon. — Imp. J. GALLET.

www.ingramcontent.com/pod-product-compliance
Ingram Content Group UK Ltd.
Pitfield, Milton Keynes, MK11 3LW, UK
UKHW020947180726
13838UKWH00003B/1181